羔羊早期断奶与高效育肥技术

张乃锋 等 编著

科 学 出 版 社

北 京

内 容 简 介

本书是一部有关羔羊培育的著作。书中全面系统地介绍了羔羊的消化生理特点、母子一体化饲养模式、早期断奶技术和快速育肥技术，详细阐述了羔羊培育的生物安全管理、健康管理及优质羔羊肉生产等方面的知识，图文并茂，对广大养殖企业（场、户）学习羔羊培育及育肥技术，促进我国肉羊产业可持续发展具有重要意义。

本书适合从事肉羊养殖的营养、饲料、繁育、兽医等方面的技术人员、管理人员学习参考，也可供具有畜牧兽医背景的高校师生和科研院所研究人员阅读使用。

图书在版编目 (CIP) 数据

羔羊早期断奶与高效育肥技术/张乃锋等编著. —北京：科学出版社，2020.5
ISBN 978-7-03-063904-2

Ⅰ. ①羔… Ⅱ.①张… Ⅲ. ①羔羊–快速肥育 Ⅳ.①S826.6

中国版本图书馆 CIP 数据核字(2019)第 299266 号

责任编辑：李秀伟 刘 晶 / 责任校对：严 娜
责任印制：赵 博 / 封面设计：刘新新

科 学 出 版 社 出版
北京东黄城根北街 16 号
邮政编码：100717
http://www.sciencep.com
北京凌奇印刷有限责任公司印刷
科学出版社发行 各地新华书店经销
*
2020 年 5 月第 一 版 开本：720 × 1000 1/16
2025 年 1 月第三次印刷 印张：11 1/4
字数：224 000
定价：**118.00 元**
(如有印装质量问题，我社负责调换)

作 者 简 介

张乃锋，山东济南人。博士，研究员，博士生导师。中国农业科学院反刍动物饲料创新团队骨干专家，北京市创新团队饲料营养岗位专家。美国威斯康星大学访问学者（2014～2015年）。主要从事幼畜营养生理与代谢调控研究。先后主持国家自然科学基金项目、国家重点研发计划课题、公益性行业（农业）科研专项、北京市科技项目等10余项科研项目。研究揭示了羔羊胃肠道发育及营养调控机制，创新了羔羊早期断奶快速育肥技术模式。获得北京市科技进步奖一等奖和二等奖、全国农牧渔业丰收奖一等奖、中国农业科学院杰出科技创新奖和北京市"先进科技专家"、贵州省"脱贫攻坚特聘专家"等奖励荣誉近20项。获得授权专利10多项；主编《羔羊早期断奶新招》《羊饲料配方600例》等著作10多部；发表论文150余篇。兼任中国畜牧兽医学会养羊分会理事、中国畜牧协会羊业分会理事等。

通讯地址：北京市海淀区中关村南大街12号
邮编：100081
Email：zhangnaifeng@caas.cn

《羔羊早期断奶与高效育肥技术》
编著者名单

主　　任　张乃锋

副 主 任　罗海玲　张克山　薛树媛　韩　勇　王子玉

编写人员（按姓氏笔画排序）

王子玉　王世琴　乌日勒格　田　丰　吕小康

庄一民　江喜春　李九月　李长青　李冬光

杨　洋　吴　仙　张乃锋　张克山　陈浩林

罗海玲　孟春花　黄文琴　崔　凯　韩　勇

薛树媛　魏金销

前　　言

我国养羊生产历史悠久，特别是改革开放以来，养羊业有了长足发展。我国肉羊生产正向规模化、集约化方向发展，已成为养羊大国，羊的存栏与出栏总数居世界各国之首。但我国目前仍不是养羊强国，羊肉生产仍然无法满足居民追求美好生活的需要。目前，世界主要羊肉生产国的优质肥羔或优质小羊肉占到羊肉产量的 80% 以上。发展现代化的肉羊生产体系需要肉羊的工厂化生产，而肉羊的工厂化生产意味着羔羊的批量生产。发展现代化的优质羔羊生产体系，则需要羔羊成活率高、生长快、发育整齐。

为了在广大农牧区加快普及羔羊早期断奶快速育肥关键技术，根据当前全国羔羊生产特点及养殖企业（场、户）要求，在国家重点研发计划（2018YFD0501902）、国家肉羊产业技术体系（CARS-38）及国家自然科学基金（31872385）等项目的资助下，我们编写了此书。编写过程中，力求做到科学性、综合性、适用性。本书围绕羔羊消化生理特点、母子一体化饲养模式、早期断奶技术、快速育肥技术，以及羔羊育肥的生物安全管理、健康管理、优质羔羊肉生产等方面进行了详细阐述，图文并茂，力求对我国羔羊育肥有一定指导作用。

由于时间紧、编者水平有限，尽管我们做了很大努力，但书中不当之处仍在所难免，希望广大读者不吝批评指正。

张乃锋

2020 年 1 月

目　　录

第一章 概 论

第一节 我国肉羊养殖概况

我国是养羊历史悠久的国家，已有 8000 多年的历史。早在新石器晚期就已经有了羊被驯化的遗迹，至夏商时代，羊圈已经比较普遍，并实行围地放牧及种植牧草饲养羊只。我国农民素有养羊习惯，在牧区，羊是牲畜中饲养数量最多的畜种，羊产品不仅是牧民的重要生产资料，也是他们主要的生活资料之一。

20 世纪 80 年代以前，我国的养羊业主要是解决羊毛生产问题，羊肉的生产尚未受到重视。早在 60 年代，国际养羊业就出现了由毛用转向肉毛兼用直至肉用为主的发展趋势。90 年代以来，随着羊毛市场疲软，羊肉需求量猛增，尤其是优质羔羊肉的需求量增加迅猛，极大地促进了羊肉生产的快速发展。现阶段，我国肉羊存栏量、羊肉产量均有较大幅度的增长，已跨入世界生产大国行列。但是我国羊肉生产仍然无法满足人们追求美好生活的需要。

随着人们生活水平的不断提高，消费羊肉的人群持续增加。一方面，羊肉的胆固醇含量较低，且具有温肾暖胃的功效；另一方面，人们普遍认为羊以草为主要饲料，属绿色食品。同时，政府引导、市场宣传、农户致富心切等因素给我国的养羊业创造了空前的发展空间，有力地推动了养羊业的快速发展，同时也为其产业化进程指明了方向。

一、养羊数量

据统计，2017 年我国绵羊和山羊出栏 3.03 亿只，羊肉产量 471 万 t（FAO）。目前我国绵羊和山羊的饲养量、出栏量、羊肉产量均居世界第一位。2008～2017 年我国绵羊和山羊存栏量、出栏量及羊肉产量见图 1-1。

二、生产水平

2008 年以来，全国绵羊和山羊存栏总数一直在 3 亿只上下徘徊，羊肉产量则处于 450 万 t 左右，呈现缓慢发展的态势。2008～2017 年我国肉羊出栏效率和胴体重增长情况见图 1-2。究其原因主要有以下几个方面。

第一，全国许多地区实施退牧还草、退耕还林还草等措施，缩小了养羊业的发展空间，舍饲又明显地增加了饲养成本。

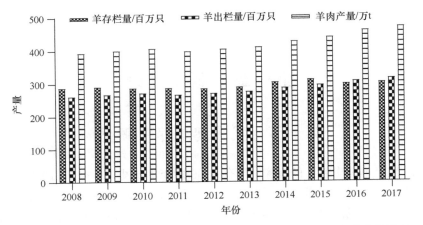

图 1-1　我国 2008～2017 年绵羊和山羊存栏量、出栏量及羊肉产量变化情况

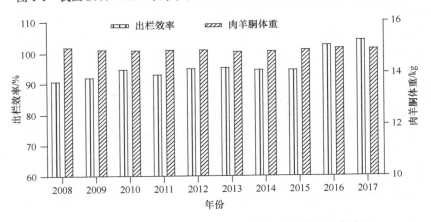

图 1-2　我国 2008～2017 年肉羊出栏效率和胴体重变化情况

第二，进城务工的农民（特别是年轻人）不断增多，许多农区劳力缺乏，从而无暇顾及养羊等原因，使得近年来农区养羊户不断减少，养羊数量逐年下降。

第三，国家对发展养猪、奶牛等出台了许多有效扶持发展措施，进行了力度很大的财政补贴和奖励，与养猪业甚至与奶牛业、肉牛业、养禽业相比，养羊业的发展后劲和比较效益明显下降。

2014 年以来，由于羊肉市场消费平淡、大量进口羊肉的冲击、疫情旱情及全国经济下滑等因素影响，羊肉市场价格普遍下跌，种羊、肉羊滞销，养殖亏损，生产局面难以维持，不少规模养殖企业倒闭，有的弃业转行，使全国肉羊业形势陷入低谷。

但是，由于羊肉特有的营养价值和独特的保健作用，越来越多地受到广大消费者和市场的青睐。尤其是自 2017 年以来，肉羊产业市场回暖，加之我国居民膳食结构、消费习惯、肉类价格等因素影响,预计未来10年中国羊肉消费量将继续增加,特别是少数民族地区羊肉消费将呈刚性持续增长。

三、饲养方式

与发达国家相比,我国肉羊养殖方式仍然较为传统和落后。因此,在饲养方式上,要利用农区自然条件好、饲料资源丰富、质量好等优势,结合当前农业产业结构的调整,大力发展肉羊产业。这不仅充分利用了农区丰富的秸秆资源和闲置劳动力,缓解了肉羊产业对草地和生态环境的压力,更重要的是推进了肉羊产业向规模化、标准化的方向发展。

当前,我国肉羊养殖规模主要以户均几只到几十只不等的散养户为主,饲养方法以全舍饲为主、"放牧+补饲"为辅,或冬春季节舍饲、夏秋季节放牧育肥相结合(尕布增措和才仁他拉,2017)。

根据2014年12月出版的《中国畜牧兽医年鉴2014》,2013年全国规模养羊场(户)统计资料如图1-3所示。

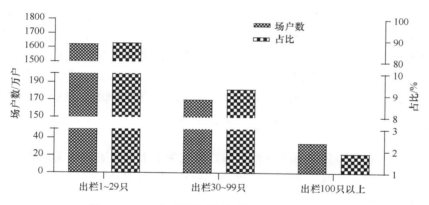

图1-3 2013年全国规模养羊场(户)统计资料

四、发展方向

羊的生长、繁殖和各种生理活动,都离不开科学的饲养管理。饲养管理对羊的健康、生长、繁殖和生产性能的发挥具有重要作用。科学的饲养管理,不仅能确保羊的健康,提高生产水平、繁殖能力和羊群质量,而且能提高饲料利用率,降低成本,实现养羊业的高产高效。如果饲养管理跟不上或不科学,就难以实现生产水平高、经济效益好的愿望。

目前,我国肉羊产业发展方向主要包括以下几个方面。

1. 开展相关科学研究，建立符合我国国情的肉羊营养标准

科学研究滞后于生产需求，阻碍了产业的全面、稳定发展。就目前情况看，肉羊相关研究，如肉羊品种培育、杂交技术体系、繁育技术、饲喂技术及规模化饲养技术明显滞后，没有达到科技先行的目的。我们所用的饲养标准大多参考国外标准，缺乏适合我国国情的肉羊饲养标准和羊常用饲料营养参数，影响了对肉羊进行科学的饲养管理。

国家肉羊产业技术体系成立后，中国农业科学院营养与饲料研究室全面展开了肉羊营养需要量的研究和常用饲料营养参数的测定，并着手建立肉羊饲料营养参数数据库。通过进一步扩大对各种饲草料营养参数的测定，根据各地不同羊的品种、不同生产阶段、不同养殖方式的营养需要量设计饲料配方并加以推广势在必行。

2. 改变传统饲养模式，提高肉羊标准化建设支持力度

在农区，绵羊和山羊多实行千家万户分散饲养的模式，畜舍简陋、设备落后、饲养管理粗放，以及农牧户科技文化素质低、市场观念差、科学技术普及率低等问题在养羊生产中普遍存在。在牧区，由于生态经济条件的制约，饲养管理和经营比较粗放，不少地区至今仍未摆脱靠天养畜的局面。这种分散经营和粗放管理方式严重制约了养羊业的进一步发展。今后应在稳定养殖数量的基础上，依靠科技进步，推广舍饲、半舍饲养殖，提高生产性能和出栏效率。同时，要进一步提高对实行舍饲、半舍饲的规模养殖场户在饲养设施设备建设方面的补贴力度。

3. 改变饲养管理体系，提高肉羊生产效率

我国养羊业大多处于靠天养畜状态，夏秋季节水草丰美则牛羊肥壮，冬春季节地干草枯则牛羊瘦弱。不合理的营养状况严重地阻碍了羔羊的生长发育，也极大地影响羊肉的产量和品质。

为解决禁牧后舍饲养殖成本增加的矛盾，可在农牧交错带推广牧区放牧繁育、农区舍饲育肥的模式，充分利用牧区放牧繁育成本低的优势，将繁育羔羊断奶后转往农区进行强度育肥。这样一方面可以缓解牧区草场的生态压力，另一方面又可利用羔羊早期生长发育快、饲料报酬高的优势，提高肉羊养殖的经济效益。这种异地育肥方式在河北、山东、山西等省份已被证明是一种成功的区域间优势互补、协调组织羊肉生产的养殖模式（唐永昌，2014）。

4. 加强饲料生产与饲草料生产基地建设

饲草料是养羊业的基础，饲草料均衡供应体系是发展现代肉羊产业的物质保障。无论是羔羊繁殖还是育肥，均须有充足的饲草料来源，因此，在生产过程中

要保证羔羊生产，尤其需要有符合羔羊快速生长的优良草料。

根据羊的生物学特性及现代化肉羊生产的需要，首先要对天然草地进行人工改良，或种植人工牧草，在耕作制度和农业产业结构调整中实行"三元"结构，在青绿饲料丰富时重点放牧加补饲，在枯草期则可完全舍饲喂养加运动。在肉羊生产向舍饲和半舍饲发展的情况下，要充分利用农作物秸秆资源，建立专用饲料作物基地，大力推广粗饲料加工调制技术，开发专用羊饲料及饲料添加剂，改变传统饲料结构。

5. 建立规范养殖章程，向精细化饲养方向转变

在现阶段肉羊生产过程中，饲料品种比较单一，饲料无法做到科学配制、营养全价。针对不同生理阶段的肉羊缺乏有针对性的配合饲料。精料的配制受到肉羊行情和原料价格的限制，其饲喂量很少甚至没有；部分养殖户则只对妊娠母羊和哺乳母羊少量补喂。精料的配制相对随意，一般只供给玉米面和麸皮，豆粕等蛋白质饲料的供给不能保证。肉羊养殖者往往只配制一种精饲料，不同生理阶段的区别只是饲喂量不同。小规模肉羊养殖户未采用任何粗饲料的加工调制技术，有什么喂什么，什么便宜喂什么，忽视了各生理阶段肉羊营养需要的不同。微量元素和维生素预混料少有使用，养殖户一般购买奶牛用预混料代替，甚至有购买猪用的代替，无法保证肉羊所需的矿物质营养。

实践证明，根据饲养标准所规定的营养物质供给量饲喂动物，将有利于提高饲料的利用效果及畜牧生产的经济效益，充分满足动物的营养需要，更好地发挥其生产性能，提高饲料的利用效率（李彬彬，2016）。在肉羊养殖中，应针对羔羊、育成羊、妊娠后期母羊、泌乳母羊等不同生理阶段的营养需要特点，对饲料品种进行统筹规划、合理配合，粗饲料、青绿饲料、青贮饲料等饲料品种应尽可能丰富，配合科学、合理，避免品种过于单一、随意配合。精饲料除含有能量、蛋白质和食盐外，还应合理添加常量和微量元素添加剂，以防止因矿物质缺乏导致舍饲羊生长缓慢、饲料报酬降低或发生矿物质缺乏症。

第二节 羔羊育肥的品种选择

我国绵羊和山羊品种资源极为丰富，从高海拔的青藏高原到海拔较低的东部地区均有分布。据畜禽遗传资源调查，列入 2011 年出版的《中国畜禽遗传资源志（羊志）》的绵羊和山羊品种 130 个，其中绵羊品种 64 个，山羊品种 66 个。根据地理分布和遗传关系，我国绵羊可划分为蒙古系绵羊、哈萨克绵羊、藏系绵羊三大谱系（王慧华等，2015）。与绵羊相比，我国是世界上山羊饲养量最多的国家，山羊品种资源丰富，分布广泛，生态类型多样。由于我国气候条件差异较大，山羊在经过数千年的驯养和选育后，形成了适应不同生态类型的品种和类群，在生产性能上各具特色，可以满足不同消费者和生产者的需求。

一、肉用型绵羊品种

经过长期的驯化和选育，培育出了对当地自然环境适应性很强的、丰富多样的绵羊品种。主要分为以下几类。

1. 三大古老绵羊品种

蒙古羊 我国绵羊业的主要基础品种，产于蒙古高原。成年蒙古羊满膘时屠宰率可达47%～53%；年平均产羔率103%。蒙古羊耐粗饲、易放牧、适应性强，在北方肉羊生产中具有良好的使用价值。利用蒙古羊作为母本，母性强。

藏羊 原产于青藏高原，分布于西藏、青海、甘肃和四川。成年羯羊宰前平均体重为48.5kg，屠宰率46%；成年母羊宰前平均体重42.8kg，屠宰率45.5%。母羊一般年产1胎，1胎1羔，产双羔者很少。

哈萨克羊 属肉脂兼用粗毛型绵羊地方品种，主要分布在新疆等地。成年公羊平均体重60.3kg、成年母羊45.8kg。经产母羊平均产羔率104.3%，双羔率低。哈萨克羊体质结实，善于爬山游牧，抓膘能力强，极其适应当地的气候环境。

2. 具有高繁殖特性的肉用型绵羊品种

湖羊 我国一级保护地方畜禽品种，具有早熟、四季发情、一年两胎、每胎多羔、泌乳性能好、生长发育快、改良后产肉性能理想、耐高温高湿等优良性状。湖羊1岁平均体重，公羊61.6kg、母羊47.2kg。母性好，泌乳量高，产羔率平均为260%。

小尾寒羊 我国著名的肉裘兼用型地方绵羊品种，生长发育快、早熟、繁殖力强、性能遗传稳定、适应性强。成年公羊平均体重80.5kg、成年母羊57.3kg。全年都能发情配种，但在春、秋季节比较集中，受胎率也比较高。

3. 其他类型的肉用型绵羊品种

其他类型的肉用型绵羊品种主要包括：自主培育的肉用型绵羊（巴美肉羊和昭乌达肉羊等）、具有独特价值的肉用型绵羊(兰坪乌骨羊、石屏青绵羊和滩羊等)、风味浓郁的肉脂型绵羊等。

二、肉用型山羊品种

山羊具有采食广、耐粗饲和抗逆性强等特点，是适应性最强和地理分布最广泛的家畜品种。据调查，我国山羊品种分布遍及全国，北自黑龙江，南至海南，东到黄海边，西达青藏高原。

1. 我国肉用型山羊地方良种

马头山羊 我国著名的地方肉用型山羊品种，主要分布在湖北省和湖南省。成年公羊平均体重 43.8kg，成年母羊平均体重 35.3kg；性成熟早，母羔 3~5 月龄、公羔 4~6 月龄达性成熟；一年两胎或两年三胎，产羔率 200%。

西藏山羊 主要分布在青藏高原的西藏自治区、青海省、四川省阿坝和甘孜州及甘肃省南部。成年公羊平均体重 24.2kg，成年母羊 21.4kg；屠宰率成年羯羊 48.3%、成年母羊 43.8%。西藏山羊发育较慢，性成熟较晚，初配年龄为 1~1.5 岁，一年一胎，多在秋季配种。

成都麻羊 属于优良肉皮兼用型山羊品种，分布于成都市的部分县区。成年公羊平均体重 43.3kg，胴体重 18.8kg；成年母羊平均体重 39.1kg，胴体重 15.8kg。性成熟早，常年发情，初配年龄公、母羊均为 8 月龄左右。

贵州黑山羊 分布在贵州省西部的毕节、六盘水、黔西南和安顺等地区。成年公羊平均体重 43.3kg、成年母羊 35.1kg。公羊 4.5 月龄性成熟，7 月龄配种；母羊 6.5 月龄性成熟，9 月龄配种。初产母羊产羔率 121%，经产母羊 149%。

雷州山羊 主要分布在广东省的雷州半岛和海南省。周岁公羊平均体重 31.7kg、母羊 28.6kg；成年公羊平均体重 54.1kg、母羊 47.7kg。性成熟早，生长发育快，繁殖力强，耐粗饲，耐湿热，是我国羊产业中极为宝贵的种质资源。

黄淮山羊 原产于黄淮平原的广大地区，中心产区是河南省周口市的部分县和安徽省阜阳市等地。成年公羊平均体重 41.4kg，成年母羊 26.8kg。性成熟早，初配年龄一般为 4~5 月龄，母羊常年发情，一年两胎或两年三胎，产羔率为 260%。

2. 我国自主培育的主要肉用型山羊品种

南江黄羊 以努比亚山羊、成都麻羊、金堂黑山羊为父本，南江县本地山羊为母本，采用复杂杂交方法培育而成的，其间导入吐根堡奶山羊血缘。主要产于巴中市南江县、通江县。周岁公羊平均体重 37.7kg、母羊 30.8kg；成年公羊平均体重 67.1kg、母羊 45.6kg。南江黄羊产肉性能好，繁殖力高，耐寒，耐粗饲，采食力与抗逆性强，适应范围广。

简州大耳羊 简州大耳羊是努比亚山羊与简阳本地麻羊，在海拔 300~1050m 的亚热带湿润气候环境下经过 60 余年杂交、横交固定和系统选育形成的。成年公羊平均体重 73.9kg、母羊 47.5kg；初配期公羊 8~9 月龄、母羊 6~7 月龄；产羔率 200% 左右。

3. 具有特色性状的山羊品种

济宁青山羊 鲁西南人民长期培育而成的优良羔羊皮山羊品种。成年公羊平均体重 30kg、成年母羊 26kg。繁殖力高是该品种的重要特征,平均产羔率 293.7%。

长江三角洲白山羊 国内外唯一以生产优质笔料毛为特征的肉皮毛兼用型山羊品种,主要分布在江苏、浙江和上海。成年公羊平均体重 28.6kg、成年母羊 18.4kg。该品种繁殖力高,性成熟早,两年三胎,产羔率达 228.5%。

弥勒红骨山羊 肉用型地方品种,主要分布于云南。弥勒红骨山羊以牙齿、牙龈呈粉红色,全身骨骼呈现红色为特征。成年公羊平均体重 37.5kg、成年母羊 30.8kg;一般一年一胎,初产母羊产羔率为 90%、经产母羊为 160%。

三、引进肉羊品种及其杂交组合

1. 引进的主要肉羊品种

波尔山羊 目前世界上公认的最理想的肉用山羊品种之一,原产于南非,以体型大、增重快、产肉多、耐粗饲而著称。初生重一般为 3.5kg,断奶体重一般可达 22.5kg。成年公羊平均体重 110kg、成年母羊 75kg。波尔山羊与低产山羊杂交后,产肉性能改良效果十分显著。与安徽白山羊杂交改良,杂交一代羊体重提高幅度达 119.9%;与鲁北白山羊杂交后,羔羊初生重达 3.5kg 以上,肉用体型特别显著,表现出很强的生长优势。当年春羔到秋末冬初出栏,平均体重均在 45kg 以上,比未杂交的当地羊增重达 10kg 以上。

努比亚山羊 原产于非洲东北部的埃及、苏丹,以及邻近的埃塞俄比亚、利比亚、阿尔及利亚等地,属肉乳兼用型,具有生长快、体格大、性情温驯、繁殖率高、泌乳性能好等优点。成年公羊平均体重 80kg、成年母羊 55kg。在发展肉用山羊生产中,用努比亚山羊改良的效果比较好,杂交后代的体型比较丰满,生长速度快。

萨福克羊 目前世界上体型、体重最大的肉用绵羊品种。早熟,生长发育快,原产于英国英格兰东南部。成年公羊平均体重 118kg、成年母羊 83kg。繁殖性能好,产羔率 130%~165%。美国、英国、澳大利亚等国都将该品种作为生产肥羔的终端父本。我国自 1978 年起先后从澳大利亚、新西兰等国引进,主要分布在新疆、内蒙古、北京、宁夏、安徽等十几个省份,杂交改良效果显著。

杜泊羊 原产于南非,有黑头和白头两种。成年公羊平均体重 105kg、成年母羊 83kg。杜泊羊早期发育快,肉质细嫩多汁,膻味轻,口感好,特别适于肥羔生产,在国际上被誉为"钻石级"绵羊肉,具有很高的经济价值。我国从 2001 年开始引进,目前分布在山东、陕西、天津、河南、辽宁、北京、山西、云南、安徽等多个省份,用其与当地羊杂交,效果显著。

其他肉用绵羊品种主要有特克塞尔羊、夏洛莱羊、无角陶塞特羊、德国肉用美利奴羊、罗姆尼羊、边区莱斯特羊、波德代羊及考力代羊等。

2. 杂交组合的选择

父本选择 一般选择肉用性能好、生长发育快、遗传性能稳定,具有早熟、良好的肉用体型的优质品种。引进的优良山羊品种主要有波尔山羊、努比亚山羊、萨能山羊、吐根堡山羊等;引进的优良绵羊品种主要有萨福克羊、杜泊羊、特克塞尔羊、夏洛莱羊、无角陶塞特羊、德国肉用美利奴羊、罗姆尼羊、边区莱斯特羊、波德代羊及考力代羊等。

母本选择 母本一般为本地羊,选择分布广、适应性强、耐粗饲、早熟、多胎、四季发情、繁殖率高、泌乳能力强、母性好、生长发育快、肉用性能好的品种,如黄淮山羊、湖羊等。

第三节 羔羊早期断奶技术概述

羔羊是指未长恒齿、出生不到 12 个月的小羊。我国羔羊生产多采用随母哺乳、2~4 月龄断奶的常规养羊法。该方法导致配种周期延长,母羊利用率降低,影响了羔羊生长发育和断奶后育肥,增加了培育成本。肉羊的工厂化、集约化饲养客观上要求羔羊快速生长且发育整齐,这就要求必须对羔羊实施早期断奶。

一、羔羊早期断奶的概念与理论依据

哺乳期羔羊是指从初生到断奶这一阶段的羔羊。羔羊的早期断奶是在常规 2~4 月龄断奶的基础上,将母乳饲养期缩短到 30 天以内,利用羔羊在 4 月龄内生长速度最快这一特性,将早期断奶后的羔羊进行强度育肥,充分发挥其优势,以便在较短的时间内达到出栏体重(柴建民等,2014)。

从理论上讲,羔羊断奶的月龄和体重,应以能独立生活并且能通过饲草获得足量营养为准。羔羊瘤胃发育可分为三个阶段:初生至 3 周龄的无反刍阶段;3~8 周龄的过渡阶段;8 周龄以后的反刍阶段。3 周龄以内的羔羊以母乳为饲料,其消化是由皱胃承担的,消化规律与单胃动物相似,3 周龄后才逐渐地能消化植物性饲料;当生长到 7 周龄时,麦芽糖酶的活性才逐渐增强;8 周龄时胰脂肪酶的活力达到最高水平,使羔羊能够利用全乳,此时瘤胃已充分发育,能采食和消化大量的植物性饲料。因此,理论上认为早期断奶在 8 周龄较合理。但试验证明,羔羊 30 天断奶也不影响其生长发育,效果与常规的 2~4 月龄断奶无显著差异(曹少奇等,2016)。目前,有的国家对羔羊采用早期断奶,即在出生后 1 周左右断奶,然后用代乳粉进行人工哺乳；也有的采用出生后 45～50 天断奶，断奶后饲喂植物源性饲料或在优质人工草地放牧。

二、羔羊早期断奶的研究现状

关于羔羊早期断奶方式，一般是在羔羊出生后 6～7 周龄，当羔羊胃肠道容积和微生物菌落数发育完全，接近至成年羊水平时断奶，断奶后直接饲喂植物源性饲料或在优质人工草地放牧（Teke and Akdag，2012）。近年来，随着养殖方式和饲料工业的发展，代乳粉的研发生产快速发展，使得羔羊早期断奶方式有了新的变化，即羔羊吃足初乳后断奶，将羔羊与母羊隔离，利用代乳粉饲喂羔羊一段时间，待羔羊发育到一定程度后转为饲喂固体饲料。

羔羊早期断奶时间的选择对羔羊的生长发育影响很大。断奶过早，羔羊应激反应明显，表现为采食量降低、抗病能力降低、发病率提高、腹泻和肺炎等疫病多发、生长发育缓慢甚至受阻；断奶过晚，导致羔羊不喜吃代乳粉和开食料，不利于母羊干奶，致使母羊膘情差，发情延迟，利用率降低，因此确定适宜的断奶日龄很重要。

许多科研人员开展了早期断奶的研究，取得了一定的成果。在利用开食料进行断奶方面，目前的研究认为羔羊在 60 日龄以后断奶，生长速度慢；在 35 日龄时断奶，应激反应稍大，生长发育受阻；在 45 日龄时断奶，羔羊已可采食较多固体饲草料，瘤胃微生物区系较完善，前胃功能调节能力较强，断奶羔羊体质健壮，抗病能力也比较强，综合效益高，为最佳断奶时间。在利用代乳粉进行早期断奶的研究方面，刁其玉等（2002）证明用羔羊专用代乳粉对波尔山羊实施早期断奶是可行的，羔羊可在出生后 10 日龄断奶；王桂秋等（2007）在羔羊出生后 7 日龄、17 日龄、27 日龄饲喂代乳粉实施早期断奶，结果发现羔羊在 17 日龄断奶的生长性能可以达到或超过随母羊哺乳的羔羊；柴建民等（2015）证实羔羊 20 日龄断奶应激小，有利于瘤胃等消化器官发育。

三、羔羊早期断奶的展望

早期断奶促进母羊多胎多产，羔羊生长快、发育整齐。近十多年来，我国在羔羊早期断奶研究方面进行了大量数据积累，对羔羊的最佳断奶时间、代乳粉品质及开食料营养水平等有了初步认识。然而，我国国内各地区羔羊品种、生产水平、环境条件等都不相同，且与国外也有较大差异。美国国家研究委员会（NRC）等国外标准中有关羔羊的营养需要也未必完全适用我国养殖状况。因此，有必要在我国的环境条件下，进一步研究早期断奶羔羊的生长发育规律，建立生长发育与营养供给的动态模型，确定适用于我国的羔羊营养需要模型。

第四节 羔羊快速育肥技术概述

羊肉按年龄不同可分为大于 12 月龄的大羊肉和小于 12 月龄的小羊肉（包括 4~6 月龄的羔羊肉）。因为羔羊肉具有比成年羊肉更加鲜嫩、膻味更轻的特点，所以近年来随着人们生活水平的提高，羔羊肉更受消费者青睐，需求量也不断增加。由于生产羔羊肉可获得最佳经济效益和社会效益，所以世界各国都在积极研究、大力发展羔羊育肥生产。

一、羔羊快速育肥的优势

第一，市场需求缺口大。羔羊肉具有鲜嫩、多汁、精肉多、脂肪少、味道鲜美、易消化及羊膻味轻等优点，已越来越受到消费者的青睐。据统计，国内现有优质羔羊肉的市场占有率不足 40%。

第二，经济效益明显。在国际、国内市场上，羔羊肉比成年羊肉的价格高 30%~50%。6 月龄羔羊生产的毛、皮价格高，即在生产羔羊肉的同时，又可生产优质毛、皮，多方面增加了养羊业经济效益。

第三，缩短了生产周期。通过推广羔羊快速育肥技术，实现了当年产羔、当年屠宰，与传统养羊模式下不足 40% 的出栏率相比，增加了近 2 倍，从而加快了羊群周转，提高了出栏率及产肉率。

第四，利于扩大生产规模。由于推广羔羊快速育肥技术，不饲养成年羯羊，从而改变了羊群结构，大幅度地增加了种母羊和种公羊比例，对于规模养殖企业快速扩繁、扩大再生产奠定了良好的基础。

二、羔羊快速育肥的发展趋势

早期断奶羔羊育肥后上市，可以填补夏季羊肉淡季的空缺，缓解市场供需矛盾。因此，羔羊早期断奶快速育肥将是未来羔羊生产的发展趋势。随着科学技术的发展，羔羊生产应转向大规模且工艺先进的工厂化、专业化生产。舍饲育肥是现代羔羊产业化、集约化生产的主要方式，它是通过人工控制羊舍小气候，采用全价配合饲料，让羊自由采食、饮水而进行育肥的方式。

1. 利用固体饲料进行早期断奶的育肥

目前常用的育肥方式为舍饲条件下羔羊随母哺乳至 1.5~2 月龄断奶，育肥至 5~6 月龄左右屠宰上市。以绵羊羔羊为例，育肥期末活重可达 45kg 左右，日增重达 250～300g，料肉比为 4∶1～6∶1。舍饲育肥必须供给羔羊充足的饲料，并且要保证饲料的丰富、全面，适口性好，具有全价的蛋白质和高能量，另外还需供给各种必需的矿物质、维生素。适宜的饲料比例是 60%～70%的粗饲料加 30%～40%的精饲料。

2. 利用代乳粉进行早期断奶的育肥

利用代乳粉进行早期断奶的羔羊与上述育肥方式又有所不同，通常羔羊随母哺乳至 7～21 日龄断母乳，断母乳后饲喂液体代乳粉，同时补饲开食料，待羔羊发育到一定程度后断掉代乳粉育肥至出栏。一般在 45～60 日龄停止饲喂液体代乳粉，60～90 日龄由开食料转为育肥饲料。该育肥方式的优点主要是：饲喂代乳粉可以促进羔羊的早期生长发育，缩短出栏时间和节约饲养成本。另外，由于该种育肥方式的羔羊瘤胃发育较好，可以一定程度地降低饲养成本，有利于羔羊健康生长发育。

参 考 文 献

曹少奇, 陈焱森, 赵宗胜, 等. 2016. 早期断奶对舍饲哈萨克羔羊生长性能及血液生化指标的影响. 畜牧与兽医, 48(9): 62-67.

柴建民, 刁其玉, 张乃锋. 2014. 羔羊早期断奶方式与时间研究进展. 中国草食动物科学, 34(1): 49-51.

柴建民, 王海超, 刁其玉, 等. 2015. 断奶时间对羔羊生长性能和器官发育及血清学指标的影响. 中国农业科学, 48(24): 4979-4988.

刁其玉, 屠焰, 张仲伦, 等. 2002. 羔羊代乳品营养特点与效果验证研究. 中国草食动物科学, (S1): 151-156.

尕布增措, 才仁他拉. 2017. 农区养羊业发展思路探讨. 畜禽业, (Z1): 63-64.

李彬彬. 2016. 不同营养水平日粮对育成前期滩母羊生产性能的影响. 宁夏大学硕士学位论文.

唐永昌. 2014. 农牧交错区牛羊异地育肥模式调查. 中国牛业科学, 40(3): 55-57.

王桂秋, 刁其玉, 罗桂河, 等. 2007. 羔羊断奶日龄对生长和血清指标的影响. 动物营养学报, 19(1): 23-27.

王慧华, 赵福平, 张莉, 等. 2015. 中国地方绵羊品种的地域分布及肉用相关性状的多元分析. 中国农业科学, 48(20): 4170-4177.

第二章　羔羊消化生理与营养需求特点

羔羊阶段是羊一生中生长发育最旺盛的时期。只有掌握了羔羊的消化生理和营养需求特点，才能为其创造适宜的营养和饲养管理条件，从而提高羔羊成活率，促进羔羊的健康快速生长。羔羊在消化吸收、营养需求和免疫等方面与成年羊相比，差别较大。羔羊消化道发育不完全，免疫功能未发育完善，抵抗力较差，体质弱，很容易受外界环境的影响，因此需要全面的营养来满足其生长发育的需要。羔羊早期消化道的健康发育关系到其后期及成年后消化系统的容量和消化能力，需及早训练羔羊采食固体饲料，刺激消化道的发育，进而促进羔羊生长性能的发挥。

第一节　羔羊消化道结构

羊的消化系统包括两部分——消化管和消化腺。消化管由口腔、咽、食管、胃、小肠（十二指肠、空肠和回肠）、大肠（盲肠、结肠和直肠）和肛门组成。消化腺因其所在的部位不同，分为壁内腺和壁外腺。前者位于消化管壁内，如胃腺、肠腺和黏膜下腺等；后者位于消化管壁之外，有导管通消化管，如肝、胰和唾液腺等。消化液中有多种酶，在消化过程中起催化作用。

初生羔羊的瘤胃、网胃和瓣胃所占的比例很小，结构不完善，微生物区系尚不健全，不能利用植物性饲料，只能靠母乳生活，母乳通过食管沟的闭锁作用，直接进入真胃进行消化吸收。哺乳期阶段，羔羊消化道结构和功能逐渐发生变化并趋于完善，由类似单胃动物的反刍前阶段向反刍阶段转变，羔羊胃的大小和机能随日龄的增加而不断变化。同时，羔羊采食也发生相应变化，由羊乳或液体饲料转为固体日粮，消化系统的发育进一步完善。

随着羔羊摄食从以羊乳或液体饲料为主到以固体饲料为主的转变，其消化器官的形态结构和功能也发生相应的变化。羔羊出生以后，随着摄食习惯、日龄、日粮类型等因素的改变，在消化生理和代谢上发生了巨大的变化。在瘤胃功能基本建立并完善之前，羔羊对营养物质的消化吸收和代谢特点与非反刍家畜有诸多相似之处。

一、胃

羔羊复胃的发育直接影响其成年后的采食量和消化能力，其中瘤胃的发育尤为重要，将直接决定着将来的生产性能。瘤胃发育是羔羊实现从非反刍动物向反刍动物转变最重要的生理变化，日粮的物理形态、类型及动物日龄等诸多因素对瘤胃发育有直接或间接的影响作用。

羔羊胃的大小和功能随日龄的增加而不断地发生变化。羔羊出生时，复胃中除真胃以外，其他三个胃的消化功能没有建立，主要靠真胃进行消化，所以在羔羊的早期哺乳阶段，对营养物质的消化吸收与单胃动物相似，主要靠真胃和小肠来实现。随着日龄的增长和摄入饲料的变化，羔羊对固体饲料的采食不断增加，前胃的容积和重量迅速增大。

羔羊刚出生时，皱胃是四个胃室中最大的。Wardrop 和 Coombe（1961）研究表明，1 日龄时皱胃占复胃总重的 56%，随着采食固体饲料不断增多，瘤胃和网胃开始迅速发育，皱胃基本不变，瓣胃发育到成年大小的时间要长于瘤胃和网胃。4 周龄时瘤胃和网胃的重量占胃总重的 55%，皱胃的比重下降；7 周龄时瘤胃和网胃的重量占胃总重的 66%，皱胃的比重减小至 23%。羔羊生后 7～30 日龄期间瘤胃生长非常显著，8 周龄时已达到成年大小。

赵恒波等（2006）研究发现，羔羊从 20 日龄到 60 日龄，其胃肠道各部位的重量快速增加，其中瘤胃重量的增长远高于其他消化器官的增长速度。20 日龄时瘤胃占全胃重的比例为 44.8%，而 60 日龄时瘤胃占全胃重的比例增加到 57.0%。羔羊从出生后，各消化器官和体重的绝对重量都一直在增长，但消化器官的相对重量增长速度要快于体重的增长。在 20 日龄前，羔羊主要以哺乳为主，此后开始摄入固体饲料，瘤胃受到饲料的刺激而快速发育。这说明反刍动物消化道发育日趋成熟的过程中，饲料对瘤胃发育起着非常关键的作用。反之，瘤胃对饲料的降解作用也在不断增强，二者相辅相成。

朱文涛（2005）研究发现，羔羊在 30～45 日龄时瘤胃液体积只有 0.24～0.33L，而在 135～150 日龄时达到 3.68～4.84L，几乎增加了 15 倍。瘤胃液体积的发育主要表现在 100 日龄前，每 2 周增加 1L 左右，之后则增加较慢。

二、肠

小肠是羔羊消化吸收营养物质的主要场所，包括十二指肠、空肠和回肠。胃内容物进入小肠后，经酶等物质进行化学性消化，继而被分解为各种营养物质而被肠绒毛上皮吸收。未被消化的饲料，经小肠的蠕动被推进大肠。幼龄动物的胃肠道发育变化在幼年时期经历两个阶段：一是离开母体后，依靠初乳和母乳来提供营养物质的阶段；二是由采食液体饲料转变为固体饲料阶段，这两个阶段的肠道形态、结构以及细胞分化等都有很大的变化。

丁莉（2007）研究表明，30 日龄以后羔羊消化道长度的发育略快于体长，增加倍数是体长增加倍数的 1 倍多。周岁龄时食道的长度比初生时增加了两倍多，从初生到周岁小肠总长度增加了 2.3 倍，大肠总长度增加了 4 倍。王彩莲和郎侠（2013）研究指出，28 日龄开始小肠总长与体长比例开始维持恒定，大约为体长的 25 倍。

小肠是动物营养物质吸收和转运的主要部位，小肠绒毛发挥着营养物质吸收的主要功能。肠管的结构和功能是随着动物年龄的增长和饲料类型的改变而逐渐改变直至发育成熟的。岳文斌（2000）指出，新生幼畜的肠道占整个消化道的比例为 70%～80%，大大高于成年家畜的 30%～50%。王世琴等（2014）研究表明，随着日龄的增长和采食饲料的改变，小肠占消化道的比例逐渐下降，大肠比例基本不变，胃的比例却大大增加。

大肠包括盲肠、结肠和直肠，其主要功能是吸收水分和无机盐，以及形成粪便。小肠内未消化完的物质，进入大肠内在微生物和一些酶的作用下继续分解、消化和吸收，剩余物质则形成粪便继而排出体外。

羔羊消化器官的发育与日粮类型密切相关。丁莉（2007）研究表明，随着日龄的增加，羔羊的消化器官和消化腺的重量不断增加，各部位的发育都相互独立，因此各器官的相对重量达到最大值的时间不一致，肝脏发育达到峰值的时间是在 15 日龄，胰腺在 15 日龄，复胃在 60～90 日龄，小肠在 90 日龄。从异速生长角度看，15 日龄之前消化器官的发育均快于体重。复胃的发育速度始终快于体重；肝脏的发育在 90 日龄前快于体重。

丁莉（2007）研究表明，羔羊肝脏发育达到峰值的时间是 1 月龄；在羔羊消化器官和消化道的发育过程中，复胃和胰腺的增重最快，而食道的长度在 1 月龄前发育很快。羔羊在出生后的最初一段时期发育非常迅速，说明羔羊在早期有较高的生长潜力。羔羊的日相对生长率在 3 月龄之后有所上升，但始终低于出生至 1 月龄期间；羔羊出生后消化器官和消化道的绝对重量一直在增长，但在 3 月龄前，肝脏、复胃和小肠的发育速度不同程度地快于体重，这可以看出，羔羊的消化器官是优先发育的。从进化的角度讲，动物这种消化腺和消化器官优先增长的现象，是动物适应外界环境的结果。

第二节 羔羊消化道发育

胃肠道是动物对营养物质消化吸收的场所，与动物的生长发育紧密相关，反刍动物在出生后，胃肠道的分化将持续一段时间，这个过程中营养物质会对其产生影响，各个胃室、肠道的重量及相对重量都会发生较大的改变。

一、瘤胃的发育

瘤胃是反刍动物特有的消化器官，成年羊的瘤胃占全胃重量的60%左右。瘤胃上皮是瘤胃执行吸收、代谢功能的重要组织，由瘤胃微生物产生的挥发性脂肪酸（VFA），85%被瘤胃上皮直接吸收，可为宿主提供60%～80%的所需代谢能。祁敏丽等（2015）指出，羔羊出生时瘤胃非常小，约占全胃重量的17%。羔羊从出生到以采食固体饲料为主，其瘤胃经历了由非反刍向反刍的生理功能转变。非反刍阶段瘤胃未发育完全，不具有代谢功能，随着饲料进入瘤胃后，瘤胃的生理代谢功能逐渐形成。羔羊瘤胃的发育程度直接影响到其成年后的采食和消化能力及生产性能的发挥。根据瘤胃发育特点，一般将羔羊瘤胃发育分为三个阶段，分别是：初生至3周龄的非反刍阶段；3～8周龄的过渡阶段；8周龄以后的反刍阶段（Wardrop and Coombe，1960）。

1. 非反刍阶段

此阶段母乳营养充足，羔羊机体发育迅速，瘤胃组织结构快速发育（表2-1）。王彩莲等（2010）研究表明，20日龄羔羊（波尔山羊）瘤胃重41g。瘤胃相对重量在7～21日龄增速较大，由约占全胃比例的20%增长到43%；同时瘤胃容积占全胃的比例由9%扩增到占46%。新出生的羔羊瘤胃乳头长度为0.21mm、宽度为0.09mm，15日龄瘤胃乳头长度为0.37mm、宽度为0.13mm，乳头变长、变宽。但是此阶段羔羊瘤胃乳头表面较光滑，上皮细胞相对细小扁平。这主要是由于羔羊从出生到3周龄由于食管沟闭合，母乳或液体饲料直接进入真胃，对瘤胃上皮细胞没有直接刺激作用。

表2-1　放牧条件下瘤胃占全胃的相对重量和相对容积比例（单位：%）

项目＼阶段	1日龄	3日龄	7日龄	14日龄	21日龄
相对重量	17.45	18.80	19.90	28.06	43.22
相对容积	15.15	4.90	9.13	16.51	45.96

早期Fonty等（1987）研究发现，羔羊出生后2日龄时，瘤胃内已有严格的厌氧微生物，数量与成年动物相当，这表明瘤胃微生物区系的建立不依赖固体饲料的采食。羔羊出生后8～10日龄时，其瘤胃中可出现厌氧真菌。岳喜新（2011）研究指出，瘤胃微生物是瘤胃功能发挥的基础，群体饲养的羔羊纤维素分解菌和产甲烷菌在出生后3～4日龄时出现，1周后接近成年羊的水平；与母羊共同饲养的羔羊在15～20日龄时可以在瘤胃内检测出原虫。20日龄的羔羊瘤胃内已经出

现了瘤胃普雷沃氏菌，以及厚壁菌门、拟杆菌门的细菌。瘤胃内微生物出现的时间不一致是否与饲养模式或饲料有关，还有待进一步研究。

Wardrop 和 Coombe（1960）研究指出，羔羊在出生时瘤胃内已经检测到蛋白酶和淀粉酶，且不随日龄变化；14 日龄羔羊瘤胃内已可检出纤维素酶，随后其酶活力随日龄逐渐增加。普遍认为瘤胃内的消化酶变化由微生物产生，但是目前对瘤胃微生物优势菌群与消化酶的相关性研究的报道较少。反映瘤胃内环境的指标主要有 VFA 浓度、氨态氮浓度和瘤胃 pH。出生后羔羊瘤胃内的 VFA 浓度从无到有，且存在个体差异。

郭江鹏等（2011）研究发现，1 日龄羔羊瘤胃内没有 VFA，部分 7 日龄的羔羊瘤胃内出现 VFA，21 日龄所有羔羊瘤胃内均有 VFA，总 VFA 浓度为 25mmol/L。出生后 3 周内瘤胃内氨态氮浓度较高，14 日龄时氨态氮浓度可达到 25mmol/L，此时瘤胃有较高的 pH，pH 接近 6.8，随后降低。但有研究发现，羔羊出生时瘤胃上皮氧化丁酸和葡萄糖的速度相同，随后发现瘤胃上皮氧化丁酸的能力随着年龄逐渐增加，此阶段活体瘤胃内 VFA 浓度低，因此丁酸供能少，瘤胃上皮可能主要利用葡萄糖氧化功能。

2. 过渡阶段

随着年龄增长，羔羊采食固体饲料增多，瘤胃组织形态进一步发育，同时各项功能开始逐渐增强。此阶段羔羊瘤胃相对重量和相对容积进一步增加。到56 日龄，羔羊瘤胃占总胃重的比例达到 60%，占总胃容积的比例达到 78%，接近成年羔羊瘤胃相对重量和相对容积（寇慧娟等，2011）。30 日龄的羔羊瘤胃乳头长度达到较高水平（为 1.71mm），然后降低，到 45 日龄羔羊瘤胃乳头长度为0.71mm，随后继续增长，到 60 日龄达到 2.0mm。瘤胃乳头宽度一直增加，从 30日龄的 0.28mm 增长到 60 日龄的 0.50mm。随着日龄的增加，瘤胃乳头表面角质化程度不断提高，到 6～10 周龄瘤胃乳头表面明显变粗糙。因此，此阶段瘤胃组织形态发育主要是瘤胃基层及瘤胃乳头的发育，与非反刍阶段相比，此阶段瘤胃乳头的生长发育是最为明显的变化（韩正康和陈杰，1988）。

21 日龄的羔羊瘤胃内的微生物已经可以消化大部分成年羊消化利用的饲料。50 日龄羔羊瘤胃内优势菌群出现纤维分解菌。兼性厌氧菌快速繁殖后，逐渐被厌氧微生物取代，在 6～8 周龄趋于稳定。在 2 月龄内羔羊瘤胃内原虫数量一直持续增加，2 个月时达（5.7±3.6）×10^5 个/ml，70 日龄时优势菌群中出现原虫（赵恒波等，2006）。受采食量的变化，此阶段瘤胃优势菌群不稳定，但是拟杆菌门和厚壁菌门一直是此阶段的优势菌。羔羊瘤胃内的消化酶活力在此阶段变化不大，日龄间差异不显著，部分日龄消化酶活力的变化可能与日粮的变化导致微生物种类和数量的变化有关。21 日龄后瘤胃内 VFA 浓度快速升高。不同饲养管理条件下

56 日龄羔羊瘤胃内总 VFA 浓度在 60～130mmol/L，与成年羊的瘤胃 VFA 浓度相当（王桂秋，2005）。瘤胃内氨态氮的浓度在 21 日龄后迅速降低，到 5 周龄后稳定在 25mmol/L，与成年羊瘤胃接近。瘤胃 pH 稳定在 6.0～6.7，不随日龄变化（丁莉，2007）。但是瘤胃内的 VFA 浓度和氨态氮浓度受瘤胃微生物产生速度和瘤胃上皮吸收速率的影响，这就表明瘤胃内环境的变化与瘤胃乳头生长和饲料的种类有关。新生绵羊羔羊的瘤胃上皮细胞利用葡萄糖的能力随着日龄的增长不断增加，一直持续到 42 日龄。随后葡萄糖的利用迅速降低，而丁酸的利用却逐渐增加。42 日龄时瘤胃上皮生酮作用出现特征性的、显著的增加，42 日龄以后其产生 BHBA 的速率与成年羊瘤胃产生的速率一致，且不随日龄变化。周玉香等（2005）研究发现，瘤胃上皮的 3-羟基-3-甲基辅酶 A 合成酶和乙酰乙酰辅酶 A 硫解酶的 mRNA 表达水平随日龄增加而改变，但并不随 VFA 的出现改变。这与通过给羔羊灌注 VFA，血液中 β-羟丁酸的浓度与 VFA 的浓度呈正相关的结果一致。

3. 反刍阶段

到 56 日龄，羔羊瘤胃发育基本趋于成熟，瘤胃进入反刍阶段。此阶段全胃占总消化道的相对比例在不断增加，到 112 日龄占全消化道 39%，成年后占 49%，但是瘤胃占全胃的相对重量稳定在 60%，这就表明此阶段瘤胃的发育与其他 3 个胃的发育速度相当。瘤胃重量随日龄逐渐增加，200 日龄的小尾寒羊可达到近 450g（表 2-2），滩羊达到 300g（Stobo et al.，1966）。瘤胃液的体积在 100 日龄时增加趋于稳定，到 150 日龄时增加到 4.84L（朱文涛，2005）。瘤胃乳头长度和宽度随日龄增加，但是单位面积上瘤胃乳头数量却减少，由 2 月龄的 385 个/cm^2 减少到 133 个/cm^2，此阶段瘤胃角质化明显。瘤胃内的微生物主要包含原虫、真菌、细菌。瘤胃微生物中细菌的数量最多（为 10^{10}～10^{11}CFU/ml），其次是原虫（10^5～10^6CFU/ml），真菌数量最少（为 10^3～10^4CFU/ml）。羔羊瘤胃细菌总数量随日龄持续增加到 120～135 日龄后趋于稳定；瘤胃液中纤毛虫数量在 75～90 日龄增加迅速，在 120 日龄趋于稳定。瘤胃内的消化酶活力在反刍阶段变化不明显，纤维素酶活力较稳定，但是在 9 周龄、11 周龄和 15 周龄浓度较高。α-淀粉酶的活力呈

表 2-2　不同日龄的小尾寒羊瘤胃发育

项目 \ 阶段	80 日龄	120 日龄	160 日龄	200 日龄
绝对重量/g	264	280	348	445
占全胃比例/%	64	63	62	59
占体重比例/%	2.03	1.72	1.78	1.72

曲线变化，蛋白酶的总活性在 80～200 日龄间呈现逐渐上升的趋势，200 日龄时增加明显（由 0.10 IU 增至 0.52 IU）；脂肪酶的活力呈上升的趋势（Stobov et al., 1966）。

此阶段瘤胃微生物区系稳定，优势菌群明显。瘤胃内的 pH 稳定在 6.3～7.0，且不随日龄变化。氨态氮浓度随日龄略有增加，在 100 日龄时达到稳定，达到最高值，但在 200 日龄可能会再次明显增加。瘤胃内的总 VFA 浓度为 60～130mmol/L，瘤胃内的乙酸、丙酸、丁酸的浓度及相关比例与饲喂日粮有关（郭爱伟等，2006）。

综上所述，反刍阶段羔羊瘤胃绝对质量增加，但是相对于此阶段羔羊其他消化道的发育，瘤胃组织结构发育处于稳定状态，瘤胃生理代谢功能变化较小。

二、小肠的发育

小肠包括十二指肠、空肠和回肠，是羔羊机体营养物质吸收利用的主要场所。小肠的健康正常发育是羔羊良好生长的保障。小肠的功能与其结构和消化酶活性等都有关系，小肠的隐窝深度、绒毛长度、黏膜厚度和肌层厚度是反映小肠消化吸收功能的重要指标。经过各胃室消化进入小肠的食糜，再经过酶、小肠液等化学性消化，分解为各种营养组分，被羔羊机体吸收利用。早期断奶羔羊小肠发育由断奶前到断奶后发生巨大的变化。断奶前，羔羊主要采食母乳来获取营养物质；断奶后，羔羊主要依靠代乳粉和固体饲料来获取营养物质。由于断奶前后日粮的变化，小肠的结构和功能也发生相应的变化。

前人研究证明，羔羊采食大豆蛋白后会造成小肠绒毛萎缩，严重时小肠上皮会脱落。羔羊限饲后小肠绒毛变短、隐窝深度变浅，对小肠造成极大的影响。羔羊早期断奶后，小肠未能立刻适应新的饲养方式和日粮，从而会对小肠绒毛和隐窝深度都产生影响，导致营养物质吸收利用率低、生长性能降低。通过利用代乳粉对羔羊进行早期断奶，结果发现饲喂代乳粉不影响羔羊 90 日龄小肠发育，可能是由于代乳粉品质较好，且蛋白水平合适。因此，对早期断奶羔羊小肠发育的研究，应着手于断奶初期和后期的共同研究，而不仅是其中的任何一个时间。

羔羊小肠中内源性消化酶的分泌及其活性对营养物质消化利用起着重要的作用。而消化酶的分泌与活性受诸多因素影响，主要有日粮组成、采食量、羔羊年龄、健康状况及神经体液调节因素等。早期断奶羔羊小肠酶活性主要受日粮、采食量和日龄等的影响。刘月琴等（2004）研究表明，日粮类型对小尾寒羊小肠内容物 pH 影响不大。小尾寒羊小肠不同部位内容物中淀粉酶、胰蛋白酶、糜蛋白酶和脂肪酶活性不同，十二指肠段淀粉酶活性最低，回肠段次之，空肠段最高，空肠段和回肠段淀粉酶活性显著高于十二指肠段。

消化道酶活性同样受日龄和部位的影响。研究发现随着羔羊的生长，淀粉酶活性逐渐升高；空肠的胰蛋白酶、糜蛋白酶、淀粉酶和脂肪酶活性显著高于十二指肠和回肠。羔羊早期断奶后采食代乳粉和开食料，断奶日龄不同，消化道不同部位的消化酶活性受到的影响也不同。

三、影响消化道发育的因素

羔羊胃肠道的发育受多因素影响，如饲料形态、饲料组成、日龄、VFA、瘤胃pH 及瘤胃微生物等，这些因素相互作用，共同影响瘤胃的形态发育。

1. 日粮类型与结构

饲料的组成及其物理形态对瘤胃的发育至关重要，羔羊对固体饲料采食量的增加可以加快瘤胃的饲料发酵速率、发酵程度，以及对挥发性脂肪酸的吸收和代谢。饲料对羔羊瘤胃发育的刺激作用包括物理性刺激和化学性刺激。

4 周龄前羔羊的瘤胃乳头发育不健全，瘤胃上皮细胞小；6～10 周龄时，瘤胃乳头表面明显变得粗糙。随着日龄的增加，瘤胃乳头增长加快，乳头表面角质化程度不断提高，瘤胃的容积也不断增大。由于与瘤胃内容物接触、摩擦，以及瘤胃内微生物的作用，瘤胃上皮角质层细胞不断脱落，上皮组织定期更新。还有资料表明，饲喂粗饲料，瘤胃上皮每次的平均更新时间为 16.5 天；而饲喂精料只需10.9 天。

日粮的物理性状对瘤胃上皮的形态也有影响，采食固体饲料能够刺激瘤胃上皮的发育。新生反刍动物仅喂乳汁或代乳粉，会导致瘤胃发育延滞，这些仅供给液体饲料的动物，其瘤胃比同龄的正常动物小，瘤胃胃壁较薄，瘤胃乳头也缺乏正常的发育和色泽。

日粮类型影响羔羊的采食量，精料型日粮的采食量高于全奶粉代乳日粮和精料-青贮玉米各 50%的日粮。研究结果表明，羔羊在 30 日龄内对粗饲料的采食是很有限的，之后才逐渐增加，认为羔羊早期日粮中不宜过多地加入粗饲料。在出生早期，羔羊对非乳源性代乳粉能够消化，但消化率相对于乳源性代乳粉来说仍然较低。

饲喂干草的羔羊，其瘤胃重量、瘤胃上皮细胞数量、瘤胃蛋白质合成能力等均显著低于饲喂精料的羔羊。但一定数量的粗料是维持瘤胃上皮乳头长度、单位面积乳头数、乳头表面积等指标的基本条件，精料比例过高易引起瘤胃上皮发育异常，如瘤胃上皮角化不全等。

2. 能量和蛋白质

日粮蛋白质水平是影响幼畜胃肠道发育的一个重要因素。研究表明，日粮蛋白质水平过低时，对羔羊的肠道发育有很大的影响；然而蛋白质水平过高，可导致大量的含氮物质未被胃肠道吸收，引发营养性腹泻。

日粮能量水平影响瘤胃上皮的形态发育。日粮的能量/蛋白水平在一定程度上影响瘤胃消化代谢的发育，但主要是影响瘤胃液体积的变化。饲喂较高能量/蛋白水平日粮的羔羊，瘤胃液体积较小。因此，可以认为较低的能量/蛋白水平日粮有利于促进羔羊瘤胃消化代谢能力的发育。

据孙志洪（2010）报道，羔羊 28 日龄断奶后，限制营养水平，羔羊瘤胃乳头宽度、长度和绒毛表面积明显减少。朱文涛（2005）研究发现，30 日龄的断奶羔羊日粮中，高能量水平可增加瘤胃液内的丙酸浓度，降低丁酸浓度，但是对乙酸浓度影响较小，同时还会影响瘤胃液中原虫的数量；高蛋白水平可增加羔羊瘤胃液中原虫和大肠杆菌的数量，增加瘤胃液氨态氮浓度。能量水平对瘤胃发育的影响主要体现在对瘤胃上皮和瘤胃微生物细菌的影响，但是蛋白质水平影响瘤胃上皮发育的相关报道较少。

3. 饲料纤维

瘤网胃的发育取决于食入固体饲料（特别是纤维性饲料）的量和种类及其在瘤网胃中发酵产生 VFA 的浓度，VFA 是促进瘤胃壁发育的主要因素；瘤胃乳头体积的增长速度受瘤胃 VFA 浓度的影响，VFA 对瘤胃发育的影响较结构性纤维成分的影响大。瘤胃的发育依赖于可发酵饲料的摄入，易被瘤胃发酵的饲料更有利于瘤胃的快速发育。

日粮中碳水化合物在瘤胃微生物作用下生成乙酸、丙酸、丁酸、异丁酸、异戊酸等挥发性脂肪酸，以乙酸、丙酸、丁酸为主，这三种酸约占总挥发性脂肪酸的 95%。丁酸和少量的丙酸能够作为瘤胃上皮细胞的能量来源，是瘤胃生长发育的重要促进因子。

王海荣等（2008）研究表明，随着日粮中纤维含量的增加，瘤胃 pH 上升；氨态氮和总挥发性脂肪酸浓度与 pH 的变化相反，乙酸浓度随纤维水平降低而显著降低，丙酸和丁酸浓度显著升高；高纤维日粮组的乙酸/丙酸比例显著升高，日粮纤维水平的变化将引起瘤胃发酵模式的变化。

早期补饲固体饲料，可以加快瘤胃的发育，促进瘤胃微生物的繁殖，因为瘤胃内饲料发酵产物——挥发性脂肪酸对瘤网胃容积和瘤胃上皮细胞的发育有刺激作用。朱文涛（2005）研究表明，羔羊在 15～30 日龄期间能较好地消化以精料为主的日粮，1 月龄之前的羔羊对纤维素、半纤维素的消化率低于 10%，在 2 月龄时分别为 25% 和 45% 左右，在 1 月龄和 2 月龄前羔羊最好不要大量饲喂粗饲料。

4. VFA 对瘤胃发育的影响

在未发育成熟的瘤胃中，饲料中的碳水化合物经瘤胃微生物的发酵作用产生

VFA，其中丁酸对功能性瘤胃上皮组织的发育和瘤胃代谢功能的促进起着十分重要的作用，其次是丙酸，乙酸和葡萄糖对瘤胃上皮发育的促进作用很小。当给瘤胃灌注一定比例的短链脂肪酸盐时，羔羊的瘤胃上皮角质层厚度明显增加，分析认为这可能是因为丁酸和丙酸在瘤胃上皮的代谢过程中引起瘤胃内血液流量增加，也可能是因为丁酸和丙酸对瘤胃上皮基因表达的影响所致。

第三节　瘤胃发育的调控

瘤胃从非反刍到反刍发育的过程是微生物、组织形态及瘤胃代谢共同发生发展的过程，它们对反刍动物后期生长发育至关重要。羔羊出生时胃肠道发育不成熟，不具备反刍功能。从非反刍到反刍功能的转变是以瘤胃发酵能力为中心的，这种发酵能力的建立依赖于 5 个关键要素：瘤胃微生物区系的建立、基底物质可获得性、瘤胃液体的出现、瘤胃组织的吸收能力和瘤胃内物质向后段肠道的流动。尽管已知这些是瘤胃发育的必要因素，但目前还不了解瘤胃产生这些代谢变化以支撑其发酵能力的分子机制。瘤胃微生物在什么时候、什么环境下，如何定居于瘤胃，或者说羔羊断奶前后日粮的改变如何导致瘤胃微生物种群的变化。所有这些过程都可能影响瘤胃的发育和发酵能力，甚至影响动物终生的生产性能。

成年反刍动物的瘤胃就像一个大的厌氧发酵罐，里面的瘤胃微生物（细菌、原虫、真菌）对植物进行发酵降解，或者使不易消化的植物性饲料转化为 VFA，主要为乙酸、丙酸和丁酸。瘤胃发酵产生的 VFA 和微生物蛋白共同满足反刍动物维持、增长、生产的能量需要。成年反刍动物的瘤胃内壁排列着许多乳头状突起，这些瘤胃乳头是由多细胞层组成的上皮结构，主要功能是增加瘤胃吸收表面积并吸收 VFA，从而让微生物蛋白流向后段肠道进行消化。瘤胃乳头通过被动和易化扩散作用吸收 VFA 进入血液循环。大部分乙酸和丙酸能完整地进入门脉循环，而高达 85%～90%的丁酸进入门脉循环前就被氧化生酮，主要被氧化为 β-羟基丁酸（BHBA），小部分氧化为乙酰乙酸盐。因此，丁酸被认为是瘤胃上皮细胞的能量底物，并且与瘤胃乳头生长有关。

一、瘤胃微生物定植的调控

成年反刍动物瘤胃内有着复杂的微生物区系，其中细菌占主导地位。新生羔羊的瘤胃是无菌的，出生 1～2 天瘤胃内便出现了大量的微生物。新生反刍动物瘤胃内微生物的定植引起宿主一系列生长和发育的变化，最终使其成为真正的反刍动物。Li 等（2012）使用宏基因组研究了犊牛瘤胃微生物区系建立的时序性，这是瘤胃微生物在种水平层面研究的首次报道。拟杆菌门（Bacteroidetes）

是犊牛瘤胃的优势菌群，其次是厚壁菌门（Firmicutes）、变形菌门（Proteobacteria）等。属水平上鉴别到 170 个属，其中 45 个属是核心菌群。

　　羔羊采食固体饲料的时间越早，其瘤胃微生物区系的形成越早，随之而来的是较高的瘤胃代谢活性和瘤胃内容物总 VFA 浓度，这反映了瘤胃微生物对营养物质结构的要求。饲料进入瘤胃的过程是可以调控的。无论是利用奶瓶或者桶给羔羊饲喂牛奶或者代乳粉，均会反射性地引起食管沟关闭，使得牛奶越过瘤网胃进入皱胃，避免了采食的牛奶或者代乳粉在瘤胃被发酵。采食固体饲料及牛奶或代乳粉"溢出"是饲料进入瘤胃并发酵的唯一途径。瘤胃乳头发育也受到固体饲料采食的影响。瘤胃乳头发育的生长促进剂不是单独的瘤胃微生物或固体饲料，而是发酵终产物丁酸。这也通过口腔或瘤胃丁酸灌注（Mentschel et al.，2001）及饲料添加丁酸（Górka et al.，2011）的试验研究得到进一步证实。但是，这些做法并不具有普遍性，并且忽略了瘤胃微生物本身产丁酸的潜力及其对瘤胃微生态平衡的重要性。

二、瘤胃组织形态发育的调控

　　瘤胃组织形态的发育主要是指瘤胃乳头形态、肌肉厚度和器官重量的变化。新生反刍动物的瘤胃内壁已经具有肉眼可见的乳头，并且乳头长度、宽度和表面积随着日龄增长而增加，也受日粮和丁酸的影响。观察瘤胃乳头的微观形态，从腔表面开始依次可以看到四个不同的层：角质层、颗粒细胞层、棘状细胞层、基底层（图 2-1）。饲喂动物高发酵饲料、颗粒饲料，或者灌注丁酸都可以引起瘤胃乳头形态的改变。丁酸通过未知的途径刺激瘤胃乳头生长，虽然有许多推论存在，但具体机制还有待阐明。

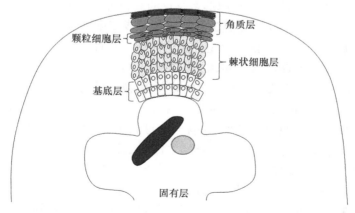

图 2-1　瘤胃乳头分层示意图（摘译自 Daniels and Yohe，2015）

三、瘤胃代谢功能发育的调控

瘤胃代谢的发育集中在瘤胃上皮细胞吸收发酵终产物 VFA 并生成酮体的能力。研究表明，VFA 通过易化扩散和被动扩散转运进入瘤胃上皮细胞，具体方式取决于瘤胃乳头上皮细胞层（Aschenbach et al.，2011），而且这种运输过程需要膜转运蛋白的参与。这些转运载体包括腺瘤下调基因（DRA；*Slc26a3*）、特定阴离子转运载体（PAT1；*Slc26a6*）及一元羧酸转运蛋白-1、2 和 4（MCT-1，*Slc16a1*；MCT-2，*Slc16a7*；MCT-4，*Slc16a3*）（Naeem et al.，2012）。

较低的瘤胃 pH 可以促进丁酸和其他 VFA（未离解的形式）以被动扩散的方式进入瘤胃上皮细胞。未解离的 VFA 进入瘤胃上皮细胞后在细胞内发生离解，可以增加细胞内 H^+ 浓度。伴随着 DRA 的转运，H^+ 使细胞内的 HCO_3^- 与 VFA^- 交换而损失，瘤胃细胞内 pH 进一步降低。瘤胃上皮细胞具有 Na^+/H^+ 转运蛋白（NHE）以调节细胞内的 pH。但是，瘤胃 VFA 转运蛋白（DRA，PAT1，MCT-1，MCT-2，MCT-4）及协助 VFA 吸收的转运蛋白（NHE1，NHE2，NHE3）的表达和定位还没有得到很好的阐述，日龄对其浓度的影响也知之甚少。进一步研究以填补这些空白对了解 VFA 吸收和细胞内 pH 调节具有重要意义。

新生反刍动物的瘤胃不具备生酮作用，这意味着犊牛出生时瘤胃组织无法氧化丁酸（瘤胃上皮细胞的主要生酮底物）成为 BHBA 或乙酰乙酸盐，因此，这些代谢物在血液中浓度很低。仅饲喂母乳的羔羊 42 日龄以前 BHBA 比较少，随后，仅饲喂母乳的 42 日龄羔羊的瘤胃上皮细胞 BHBA 的产量相当于饲喂母乳和固体饲料的 56 日龄羔羊的瘤胃上皮细胞产量。生酮功能是反刍动物瘤胃成熟的标志。显然，瘤胃组织生酮的能力与年龄有关，与固体饲料采食量或者瘤胃内的挥发性酸浓度无关，即使它们是瘤胃组织形态发育的刺激者（Lane et al.，2002）。Lane 等（2002）研究表明羔羊 49 日龄前 3-羟基-3-甲基戊二酰辅酶 A 合成酶（HMG-CoA 合成酶）的 RNA 浓度和生酮作用是一起增加的，并且他认为 HMG-CoA 合成酶为生酮的限速酶。HMG-CoA 合成酶目前发现了两个亚型：在胞质里的 3-羟基-3-甲基戊二酰辅酶 A 合成酶 1（HMGCS1）；在线粒体里的 3-羟基-3-甲基戊二酰辅酶 A 合成酶 2（HMGCS2）。Naeem 等（2012）认为生成 BHBA 的主要途径为线粒体生酮。*HMGCS2* 基因的启动子包含一个过氧化物酶体增殖物激活受体元件，并且它的 RNA 转录受过氧化物酶体增殖物激活受体-α（PPAR-α）的调控。PPAR-α 是核受体，它的已知配体包括脂肪酸，大部分是丁酸。新的观点认为瘤胃不具备生酮作用时，瘤胃内丁酸甚至是少量的丁酸似乎可以刺激特定基因的转录并最终调控瘤胃成熟。Penner 等（2011）利用免疫组化方法没有在瘤胃上皮中发现瘤胃生酮酶，但是他们认为产生瘤胃生酮酶的细胞应该在具有大量线粒体的基底层细胞中。因此，现在研究犊牛瘤胃何时开始生酮及这些酶的产生位置是一个非常好的机会。

综上所述，对于反刍动物瘤胃发育的研究，目前应用研究主要集中在探讨粗饲料饲喂水平及粒度或者代乳粉饲喂等方面，基础研究主要集中在瘤胃发育的新技术、瘤胃微生物组成及细胞水平上的瘤胃功能作用机制等方面。然而，对于犊牛等幼龄反刍动物瘤胃微生物、形态和代谢的了解还远远不够。因此，对瘤胃发育的研究提以下几点建议。第一，使用最新、最有效的科技研究瘤胃发育。第二，应用研究与基础研究应该共同致力于某一研究方向，合作研究有利于得到统一的研究结果。第三，应更多地研究细胞内蛋白质的功能，毕竟蛋白质是细胞内各种功能的执行者。第四，应用研究中需要重视试验设计的科学性以避免出现相互矛盾的结果。第五，需要整体考虑宿主-微生物的相互关系，这样有利于揭示瘤胃细菌与宿主免疫系统相互作用对瘤胃发育及功能的影响。

第四节　瘤胃上皮细胞代谢的调控

食物进入瘤胃后在瘤胃微生物的作用下产生短链脂肪酸（short chain fatty acid，SCFA），其中 85%的 SCFA 被瘤胃上皮细胞直接吸收，并可为机体提供 85%的代谢能。瘤胃上皮及微生物对营养物质的吸收及生产性能的发挥影响巨大。葡萄糖与 SCFA 是反刍动物体内重要的营养物质，其转运过程中涉及许多调控因子，这些调控因子也参与瘤胃上皮细胞的增殖调控。目前，国内外许多学者都针对瘤胃上皮细胞增殖相关基因表达做了大量研究，主要包括胰岛素样生长因子（insulin-like growth factor，IGF）、表皮生长因子（epidermal growth factor，EGF）、钠氢交换蛋白（sodium-hydrogen exchanger，NHE）、单羧酸转运载体（monocarboxylate transporter，MCT）、G 蛋白偶联受体（G protein-coupled receptor，GPR）等。其中，IGF、EGF 参与葡萄糖的转运，NHE、MCT、GPR 与 SCFA 的转运有关。目前研究主要集中于 IGF、NHE 和 EGF，而在 NHE 和 EGF 的研究中，增殖细胞核抗原（proliferating cell nuclear antigen，PCNA）可能是一个切入点。对瘤胃上皮细胞增殖和物质转运的分子机制进行综述，对于进一步理解瘤胃发育过程及建立最佳的反刍动物营养供给策略具有重要意义。

一、胰岛素家族

胰岛素家族包括：IGF-1、IGF-2，IGF-1R、IGF-2R 和胰岛素样受体蛋白（IGF/InsR）三种受体，6 种高亲和力的结合蛋白（IGFBP1～6）等。IGF-1 能够促进 DNA 和 RNA 合成及细胞增殖，促进细胞从 G_1 期进入 S 期。

IGF-1 参与细胞增殖的调控（如图 2-2 所示），目前已知的 IGF-1 信号转导途径包括：PI3 K /AKT（简称 AKT）信号转导途径、Ras / Raf / MEK /ERK（简称 ERK）信号转导途径和 14-3-3 蛋白/RAF-1 信号转导途径。其中，AKT 与 ERK 信号转导途径控制细胞的增殖。ERK 信号转导途径通过加快细胞 G_1 周期进程、促进 cyclinD1 蛋白的表达来促进细胞增殖，而 AKT 信号转导途径则通过抑制 cyclinD1 蛋白的降解来促进细胞的增殖，14-3-3 蛋白/RAF-1 信号转导途径通过钝化凋亡蛋白 BAD 来促进细胞增殖（Hematulin et al.，2008）。IGF-1 通过与 IGF1-R 结合来发挥生理功能，IGF-1 促进了山羊瘤胃上皮细胞 ERK 蛋白的磷酸化，用 IGF-1 处理瘤胃上皮细胞后，其 cyclinD1 蛋白的表达水平显著高于对照组（未用 IGF-1 处理），这很好地印证了 ERK 信号转导途径（Lu et al.，2013）。

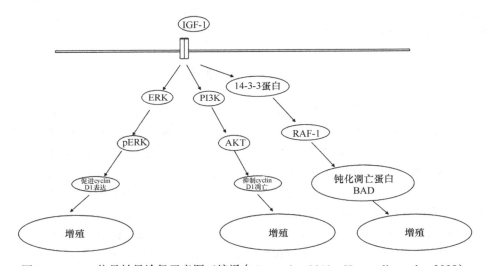

图 2-2 IGF-1 信号转导途径示意图（编译自 Lu et al.，2013；Hematulin et al.，2008）

饲粮营养水平能够影响 IGF-I 的表达，高营养饲粮能够促进 IGF-I 和 IGF-1R 的表达，且 IGF-1 和 IGF-1R 的表达具有很好的一致性，cyclinD1 蛋白和 CDK4 蛋白表达量升高，通过加快细胞周期促进瘤胃上皮细胞的增殖。研究发现，饲粮的直/支链淀粉比例不同，也会影响瘤胃上皮细胞的 IGF-1 和 IGF-1R 的表达量（Ren et al.，2016），猜测可能是饲粮的直/支链淀粉比例不同，其过瘤胃速率不同，导致 VFA 比例不同，进而影响了 IGF-1 和 IGF-1R 的表达量，但仍需要后续试验进行验证。

胰岛素受体（InsR）通过将胰岛素与 IGF-2 的信号介导入细胞内，来影响细胞的增殖和分化过程。IGF-2 与胰岛素和 InsR 的 α 亚单位结合后，酪氨酸残基上的 β 亚单位会自动发生磷酸化，通过酪氨酸的磷酸化将信号传递给胰岛素受体底物-1（IRS-1），进而使磷脂酰肌醇 3-激酶（PI3-K）和胞外信号调节激酶（ERK）激活，影响多种信号转导通路，进而影响细胞的增殖。IGF 促进瘤胃上皮细胞增殖主要是通过 IGFBP 家族的调控。关于 IGFBP-3 和 IGFBP-5 基因研究得较多，二者功能相反，IGFBP-3 基因的表达上调能够促进细胞的增殖。饲粮能量水平、结构与类型影响 IGFBP-3 基因的表达，高能量饲粮可显著提高 IGFBP-3 mRNA 的表达量。Steele 等（2011）研究发现，谷物饲粮下调了 IGFBP-3 基因的表达，上调了 IGFBP-5 基因的表达；而翁秀秀（2013）的研究则表明谷物饲粮均上调了 IGFBP-3 与 IGFBP-5 的表达，促进了瘤胃上皮细胞的增殖，其原因尚不清楚。随着饲粮中性洗涤纤维占淀粉的比例增加，IGFBP-5 基因的表达量显著降低，IGFBP-6 基因表达量升高，而 IGFBP-3 基因的表达差异不显著。IGFBP-6 与 IGF-2 结合，抑制细胞增殖，但具体机制仍需研究。此外，瘤胃内丁酸含量的升高，引起 IGFBP-3 基因的表达量下调，进而促进瘤胃上皮细胞的增殖。饲养制度也能够影响 IGFBP-3 与 IGFBP-5 基因的表达量：28 日龄断奶促进了羔羊瘤胃发育和 IGFBP-5 基因的表达，可能与早期断奶羔羊瘤胃内 SCFA 含量高有关，也可能是羔羊早期断奶后采食固体饲料促进了瘤胃发育，但 IGFBP-3 基因与瘤胃乳头发育呈正相关，其机制尚待研究。

IGF-1 参与葡萄糖转运的调控，在非反刍动物上研究较多，在反刍动物上研究较少。目前已知有两种转运蛋白参与葡萄糖的转运：一种是钠-葡萄糖共转运蛋白 1（sodium /glucose cotransporter 1，SGLT1）；一种是葡萄糖转运蛋白 2（glucose transporter 2，GLUT2 ）。在葡萄糖转运过程中，IGF-1 结合于 IGF-1R 的信号通路，增强 GLUT1 的表达，能够显著增强葡萄糖的转运能力。但 Ader 等（2001）在绵羊的研究中发现 GLUT2 对葡萄糖的转运能力极低，在反刍动物上，IGF-1 对葡萄糖的转运影响尚未见报道。

二、表皮生长因子

EGF 是一类强效促生长因子，其功能包括：促进机体胃肠道的发育，修复损伤的黏膜组织，促进营养物质的吸收与代谢。

EGF 可以促进细胞的增殖，初乳中的 EGF 可以促进幼龄动物胃肠道的发育，以及肠壁细胞 DNA、蛋白质的合成。体外研究证实 EGF 能够促进瘤胃上皮细胞增殖。Bedford 等（2015）研究发现 EGF 先与细胞膜表面的特异性受体结合，将细胞外的刺激信号传入细胞内，再启动转录因子，进行细胞增殖。EGF 的一部分受体为酪氨酸激酶受体（TPK），另一部分受体为 G 蛋白偶联受体，两种受体共同进行信号传递。受体酪氨酸激酶是 EGF 诱导细胞增殖的关键。TPK 介导的主要信号转导途径是 IAK-STAT 途径和 TPK-Ras-MAPK 途径；GPCR 介导的信号途径是 GPCR-Ras-1/ cdc42-JNK 途径和 GPCK-Ras-MAPK 途径。Ras 鸟核苷酸酶能够将信号从上游分子传导至下游分子，MAPK 是蛋白激酶家族。Bax 抑制细胞凋亡的发生，Bcl-2 是一种抗凋蛋白，HIF-α 通过抑制 *Bcl-2* 表达的信号途径来促进神经细胞凋亡。但在瘤胃中，EGF 能否通过提高 *HIF-α*、*Bax* 和 *Bcl-2* mRNA 的表达量，进而调控瘤胃上皮细胞的凋亡尚未可知。EGF 能够促进猪小肠中 *PCNA* 的表达，PCNA 是一种周期蛋白，能够促进 DNA 的合成，进而促进细胞增殖，但在反刍动物瘤胃中是否有 *PCNA* 表达、EGF 是否能够通过促进 *PCNA* 表达来促进瘤胃上皮细胞增殖尚不清楚。EGF 同样与葡萄糖的转运密切相关，*SGLT1* 表达上调可以促进葡萄糖的转运，EGF 可促进断奶仔猪肠道中 *SGLT1* 表达，进而促进葡萄糖的转运。已有研究证实瘤胃中存在 *SGLT1* 的表达，且瘤胃中葡萄糖以 *SGLT1* 介导吸收 （Aschenbach et al.，2000），但瘤胃中 EGF 对 *SGLT1* 表达的调控尚未见报道。

三、钠氢交换蛋白

NHE 存在于所有的真核生物细胞中，是一种跨膜蛋白，迄今为止，发现 NHE 家族共有 10 种构型，分别命名为 NHE-1～NHE-10。NHE 具有调节细胞内 pH、稳定细胞容量、影响离子转运及细胞的增殖与凋亡的功能。Na^+ 与 H^+ 的等比例交换需要借助 NHE，细胞外的 Na^+ 经 NHE 与细胞内的 H^+ 进行交换。通过 NHE 能够调节细胞内 pH 的动态平衡。研究发现，NHE 之所以能够调节细胞的增殖，可能与其调控细胞周期有关，NHE-1 的激活促使细胞快速通过 G_2/M 期，而缺少 NHE-1 的细胞 S 期出现显著延迟，细胞分裂停滞。细胞中代谢酶的最适 pH 偏碱性，NHE 活化会导致细胞内环境偏碱性，酶的活性增强，细胞增殖的关键因素如蛋白质、DNA 和 RNA 合成在 pH 偏碱时增加，引起细胞增殖活跃，Na^+/H^+ ATPase 与细胞的增殖有关。近几年，*NHE-1* 在反刍动物前胃中的研究成为热点，其在反刍动物瘤胃中高度表达，使反刍动物瘤胃上皮细胞通过 NHE-1 泵出 H^+ 导致细胞内偏碱性，细胞内环境偏碱性利于化学反应的进行，细胞增殖加快。饲养方式会影响 Na^+/H^+ ATPase 基因的表达，通过提高酶的活性加速细胞的增殖。饲粮中精料比例提高时，VFA 含量提高，瘤胃液 pH 下降，VFA 和 pH 调控 NHE-1 和 NHE-3 的表达，但对 NHE-2 的表达无影响，猜测可能是其他因素调控了 NHE-2 的表达，具体原因还需要进一步探索。在大鼠中的研究表明，阻断 NHE-1 后，*PCNA* 的表达量明显减少，但在反刍动物瘤胃上皮细胞中 *PCNA* 是否表达、NHE-1 是否影响 *PCNA* 的表达尚待揭示。NHE-1 调控瘤胃上皮细胞增殖的分子机制尚未完全清楚，有待于研究。

四、单羧酸转运蛋白

MCT 属于单羧酸转运家族,是哺乳动物细胞膜上负责跨膜转运的蛋白质。迄今为止,单羧酸转运家族共发现 14 个成员,只有 MCT1、MCT2、MCT4 具有单羧酸转运功能。目前对 MCT 的研究集中在人类和单胃动物上,在人类肿瘤的研究中,正常细胞由于有大量的乳酸、丙酸等代谢产物积聚,抑制了细胞的增长,而肿瘤细胞则无此现象。MCT 促进肿瘤细胞增殖的具体分子机制可能与 MCT 转运乳酸和丙酮酸、防止乳酸在肿瘤细胞中积累、促进肿瘤细胞生存有关。

在反刍动物瘤胃上皮中同样存在 *MCT1* 和 *MCT4* 基因的表达,MCT1 主要位于瘤胃上皮的基底层和棘层细胞中,MCT4 主要位于角质层和颗粒层细胞中。MCT 对于反刍动物瘤胃 VFA 的转运来说尤为重要,而 VFA 是反刍动物主要的能量来源。在瘤胃中,VFA 的吸收分为两个过程:①瘤胃中 VFA 通过上皮细胞膜而摄入;②VFA 在基底面通过上皮细胞膜而排出。VFA 经由不同的途径进入瘤胃上皮细胞,瘤胃 VFA 的运输模式如下:在低 pH 条件下,VFA 与质子耦合经被动扩散穿过细胞膜。吸收率由角质层顶膜处的 pH 决定,在高 pH 条件下离子共转运载体 MCT1 以 1∶1 方式共转运 H^+ 和单羧酸阴离子。短链脂肪酸能够促进瘤胃发育已被广泛证实,提示短链脂肪酸可能通过特定的信号通路促进了 *MCT1* 的表达,进而促进瘤胃的发育。饲粮中精料比例由 10%增加到 35%时,山羊瘤胃上皮中 *MCT1*、*MCT4* 表达量显著提高(Yan et al.,2014)。由于精料比例的提高,瘤胃内 pH 下降、SCFA 含量升高,体内试验表明 pH 与 SCFA 共同调控 *MCT1* 和 *MCT4* 的表达,但体外试验显示 pH 与 SCFA 对 *MCT4* 的表达无影响,因此饲粮对于 *MCT4* 表达的调控还有待于研究。

五、G 蛋白偶联受体

GPR 是当前研究生命活动最活跃的领域之一。GPR 存在于细胞表面与 GTP 结合蛋白偶联,与细胞外多种配体相结合从而调控多种生理反应。VFA 对于反刍动物来说是重要的能量来源,其中 GPR41 和 GPR43 是目前为止被证实的两种仅有的特异性 SCFA 受体。孤儿 G 蛋白偶联受体(尚未确定其特异性天然配体的 G 蛋白偶联受体)GPR41 和 GPR43 能被丙酸等 SCFA 激活。GPR41 和 GPR43 能够感知消化道内的脂肪酸,将小鼠 *GPR41* 敲除,小鼠肠道脂肪酸吸收减少,从而去除肠道微生物,基因敲除的小鼠与正常小鼠体重无差异,这说明 GPR41 调控作用通过肠道微生物发酵产生 SCFA 来激活。 GPR41 和 GPR43 与 MAPK 信号途径密切相关,MAPK 包括了应激活化蛋白激酶 p38、蛋白激酶 JNK 和胞外信号调节激酶 ERK。MAPK 是一条重要的信号转导通路,调控细胞的分化、增殖，主要负责磷酸化和下调抗凋亡蛋白 Bcl-Xl。MCT1 与 GPR41 和 GPR43 的表达部位相吻合，GPR41 和 GPR43 可能通过类似的通路来调节 MCT1，提示 GPR41 和 GPR43 可能通过对 MCT1 的调控来发挥功能。此外，GPR41 影响细胞周期，参与细胞由 G_1 期向 S 期的转变过程。近几年，GPR41 和 GPR43 成为反刍动物瘤胃发育方面的研究热点，瘤胃上皮也有 *GPR41* 和 *GPR43* 的表达，最新研究发现，GPR43 存在于牛的瘤胃上皮，而不是胰岛，瘤胃中产生 VFA，GPR41 和 GPR43 可感知 VFA，为 VFA 作为信号分子直接介导瘤胃上皮细胞增殖提供了理论依据。

近几年，饲粮因素对 GPR41 和 GPR43 表达的影响引起了人们的广泛关注，高精料饲粮促进丁酸产生且促进了 GPR43 的表达，进而促进瘤胃上皮细胞的增殖。丁酸是基因转录的调节因子，猜想丁酸可能活化了 MAPK，通过下调抗凋亡蛋白 Bcl-Xl 进而促进细胞增殖，高精料饲粮促进 GPR43 的表达机制还需进一步研究证实。目前，GPR41 和 GPR43 具体的调控机制尚待揭示，且饲粮营养和饲养制度对于 GPR41 和 GPR43 表达的影响研究甚少，这对于反刍动物瘤胃发育研究来说是一个很好的出发点。

第五节　羔羊营养需求

大量的研究显示羔羊营养水平缺乏对羔羊的影响是持久性的，会造成体重减少、胃肠道发育不全、恢复营养后补偿效果不明显。因此，研究羔羊的营养需求，为其提供适宜的营养物质，对促进羔羊的健康生长至关重要。

一、能量

饲料能量主要来源于碳水化合物、脂肪和蛋白质。在三大养分中储存着动物需要的化学能。动物采食饲料后，三大养分经消化吸收进入体内，在糖酵解、三羧酸循环和氧化磷酸化过程中释放出能量，最终以 ATP 形式满足机体需要。在动物体内，能量转换和物质代谢密不可分。动物只有通过降解三大养分才能获得能量，并且只有利用这些能量才能实现物质合成。

羔羊能量的主要来源是碳水化合物和脂肪。碳水化合物在常用植物性饲料中含量最高，来源丰富。羔羊代乳饲料中，含有较高比例的脂肪。祁敏丽等（2016）研究发现，早期能量限制影响了 41～60 日龄羔羊的生长性能，降低了羔羊的饲料转化效率，并且影响羔羊内脏器官的发育；同时得出，对于 61～90 日龄羔羊，高能量水平（10.92MJ/kg）可以促进羔羊的生长速度。江喜春等（2015）研究得出，羔羊代乳粉的消化能水平为 17MJ/kg 时，羔羊增重效果最好，同时得出采食量与能量水平呈负相关，腹泻率与能量水平呈正相关。

二、蛋白质及氨基酸

日粮中蛋白质水平是影响羔羊生长和发育的一个重要因素。蛋白质是动物机体的重要组成成分，是构成机体最基本的结构物质，是体液、酶、激素与抗体的重要成分。日粮中的蛋白质水平是影响羔羊生长和发育的重要因素。

蛋白质是遗传物质的基础，是动物产品的重要组成部分。蛋白质摄入主要是满足动物机体组成所需氨基酸，而能量则是动物维持生命活动所必需的。饲料中蛋白质和能量含量需要满足动物的需要，且应保持适宜的比例，比例不当会影响营养物质的利用效率并导致营养障碍。

日粮蛋白质消化代谢状况及消化道内营养物质吸收的状况，不仅取决于饲料的性质，而且可能取决于日粮的蛋白质水平。冯涛（2005）研究发现，与18%蛋白质水平相比，22%、27%蛋白质水平日粮并不能显著提高羔羊增重。提高日粮蛋白质水平会提高日粮营养物质消化率，但蛋白质水平超出一定范围反而会降低营养物质消化率，这是由于消化道对粗蛋白的消化吸收能量有一定的限度，当日粮粗蛋白水平过高时，一部分蛋白质无法被动物消化吸收而排出体外，从而导致粗蛋白的消化率降低，进而致使日粮中其他营养物质的消化率降低。关于羔羊日粮适宜的蛋白质水平，目前研究结果不太一致，有的认为16%较为合适，有的则认为低蛋白（14%）的日粮较为合适。

通过日粮配合，实现氨基酸的供给与需要的平衡，可以提高蛋白质饲料的利用效率，同时可以减少氨基酸代谢过程中含氮化合物排出造成的浪费和对环境的污染。氨基酸是在小肠中进行代谢，饲喂满足生产需要的日粮必需氨基酸（essential amino acid，EAA）组成和数量，可以估计羔羊的EAA需要量。近年来，研究者采用真胃灌注法、屠体组织氨基酸组成法等，发现氨基酸在促进氮沉积、羊皮毛生长和提高日增重方面有良好效果。

羔羊的氨基酸需要量主要由机体中沉积的蛋白质和排出的内源蛋白质的数量及组成决定，不同生长阶段羔羊的EAA需要量不同。研究并确立羔羊日粮合理的限制性氨基酸水平及Lys、Met、Thr和Trp的EAA比例，对于促进小肠可吸收氨基酸水平、改善小肠可吸收氨基酸模式具有实际意义，同时也为保证羔羊的健康生长和降低培育成本提供了理论依据。李雪玲等（2017）利用氨基酸部分扣除法研究断奶后羔羊开食料中四种氨基酸的限制性顺序及比例，得出60～120日龄断奶羔羊开食料中Lys、Met、Thr和Trp的适宜比例为100：（37～41）：（39～45）：12，限制性氨基酸顺序分别为：Met>Lys>Thr>Trp（80～90天）和Met>Lys>Trp>Thr（110～120天）。

三、碳水化合物

对于幼龄反刍动物，断奶前开食料的营养水平是调控瘤胃微生物种群定植和瘤胃上皮功能完善的重要因素。其中，开食料中非纤维性碳水化合物（NFC）的发酵产物 VFA 经过瘤胃上皮吸收可为机体提供能量，同时丁酸能够促进瘤胃上皮细胞更新，完善瘤胃上皮吸收功能。此外，开食料中纤维性碳水化合物（FC）的主要组分为中性洗涤纤维（NDF），其包含纤维素、半纤维素和木质素等植物细胞壁成分，是衡量饲粮纤维水平的指标。一般认为，反刍动物在断奶前对纤维的需要有限，主要是由于瘤胃微生物尚不完善，不能有效降解纤维；同时由于纤维能量水平较低，限制了精饲料采食量，难以满足动物的能量需要。近年研究发现，饲粮中提供 NDF 能够提高幼龄反刍动物断奶后的采食量并刺激瘤胃发育，但其效果受饲粮 NDF 来源、水平和粒度等因素影响，在断奶前如何对幼龄反刍动物供应 NDF 尚存在争议（解彪等，2018）。

幼龄反刍动物断奶前补饲粗饲料，总干物质采食量和平均日增重之所以降低，可能是因为其瘤胃尚未发育完全，对粗饲料的降解能力有限，未消化的饲粮纤维在瘤胃内积累使食糜重量增多、体积增大，对胃壁上分布着的连续接触性受体造成刺激，从而反射性地抑制采食行为，阻碍生长发育。饲粮中 NDF 水平过高反而会增加幼畜的食糜流通速率，缩短食糜在胃肠道的滞留时间，导致 OM 消化率降低。断奶前补饲粗饲料影响幼龄反刍动物采食量的原因有很多，机制尚不清楚，但与开食料的成分和物理形式有很大关系。幼畜采食易快速发酵的小粒度开食料会使产酸量增加，瘤胃液 pH 降低，导致瘤胃酸中毒，这时摄入粗饲料有利于瘤胃液 pH 升高，提高瘤胃缓冲能力。而粒度较大或含有整粒谷物的开食料在瘤胃中降解速率慢，发生瘤胃酸中毒的风险低，故幼畜对粗饲料的需求较低，这种情况下粗饲料的摄入可能会占据瘤胃容积，降低采食量。关于幼龄反刍动物断奶前补饲粗饲料的研究可能因为粗饲料的来源、品质、粒度，精饲料和乳品饲粮的供给策略，以及 NDF 采食量的差异而出现不同的结果。不同来源的粗饲料 NDF 含量不同，其化学组成存在差异，因此幼畜采食不同来源的粗饲料，采食量和消化率不同。例如，豆科的苜蓿干草比禾本科的燕麦干草果胶含量高而半纤维素含量较低，适口性较好，因而幼畜采食量更大。由于胃肠道重量增加反映在体重的增加上，许多研究就表观地将幼畜采食粗饲料带来的伪增重视为了体增重。因此，在不同的研究中，必须要考虑粗饲料带来的肠道充盈效应造成的结果差异。大部分研究指出，断奶前补饲粗饲料能够提高幼畜的生产性能，但是粗饲料能否作为幼畜开食料的 NDF 来源仍有待于进一步研究。

瘤胃发育主要表现在重量增加、体积增大和瘤胃组织形态学的变化；瘤胃组织形态学发育表现在瘤胃上皮细胞生长分化，瘤胃乳头长度、宽度和密度变化，以及瘤胃壁和肌肉层发育等方面。研究表明，幼龄反刍动物采食固体饲粮后，瘤胃乳头才开始发育，瘤胃重量、肌层和黏膜层厚度才有显著增加。固体饲粮中精饲料的发酵产物对瘤胃上皮细胞的化学作用、粗饲料对瘤胃容积和肌肉层的物理作用都是刺激瘤胃发育至关重要的因素。精饲料中 NFC 含量高，其发酵产物丁酸能够刺激胰岛素分泌，从而增强瘤胃上皮细胞有丝分裂，并通过抑制细胞凋亡来促进瘤胃上皮细胞增殖。高精饲料饲粮不仅会导致瘤胃上皮角质层细胞层数过多和瘤胃角化不全，还会造成瘤胃乳头被黏性食团、毛发和细胞碎片覆盖，并相互粘连结块，这些现象均会阻碍营养物质吸收，甚至损伤瘤胃上皮。

　　一般认为，粗饲料来源 NDF（FNDF）不足以提供瘤胃乳头发育所需的丁酸，对瘤胃上皮发育的刺激作用很小，已有研究指出，补饲苜蓿干草的羔羊比不补饲者瘤胃乳头长度和宽度显著降低。然而，开食料中的 FNDF 能够在瘤胃内占据较大空间而促使胃室扩充，并加强瘤胃节律性运动和胃壁收缩，使瘤胃肌肉层得到锻炼。研究表明，补饲苜蓿干草的犊牛和羔羊比不补饲者瘤胃肌肉层厚度、瘤胃壁厚度和瘤胃重量显著增加。而且，FNDF 的研磨值高，可通过物理摩擦去除瘤胃上皮过厚的角质层和死亡的上皮细胞，对于维持瘤胃上皮形态正常起着重要作用。补饲干草的羔羊瘤胃上皮组织厚度和角质层厚度显著减小，且未观察到瘤胃乳头发育异常和乳头结块。因此，营养全面的开食料不仅应该包含适宜水平的 NFC 以提供足够的丁酸刺激幼龄反刍动物瘤胃上皮发育、增强上皮吸收功能，而且需要包含一定水平的粗饲料来促进幼畜瘤胃肌层发育并维持瘤胃壁的完整性。

四、脂肪

　　脂肪水平不仅直接影响羔羊的能量供给，还与羔羊消化道早期发育、固体饲料采食能力及其他营养物质的消化吸收密切相关。众所周知，在整个哺乳期，绵羊奶中乳脂的含量呈现先高后低的分布特点，这表明哺乳早期羔羊对乳脂有较高的利用能力。通过对羔羊代乳粉不同脂肪水平（20%、25%、30%）的研究发现，代乳粉脂肪含量的提高会抑制幼畜对固体饲料的采食。30%组羔羊固体饲料采食量显著低于另外两组，除 11～20 日龄外，其他日龄段代乳粉脂肪含量与羔羊对固体饲料的采食存在负相关，30%组羔羊 20 日龄后的固体饲料采食量比 20%组降低了 29.3%，比 25%组降低了 13.2%，并且发现随着脂肪水平的升高，腹泻次数逐渐增加。得出的结论是：适当的代乳粉脂肪水平可以促进羔羊固体饲料采食能力和生长性能，在以大豆油作为脂肪添加源的情况下，代乳粉适宜的脂肪水平为

20%～25%（刘涛等，2012）。

五、矿物质

矿物质是构成体组织不可缺少的成分之一，特别是骨骼和牙齿主要由矿物质组成。同时，矿物质参与体内各种生命活动，是保证羊体健康生长必需的营养物质。

钙和磷 钙和磷是羊体内含量很多的矿物质，是骨骼和牙齿的主要成分，约有99%的钙和80%的磷存在于骨骼和牙齿中。钙是细胞和组织液的重要成分，磷是核酸、磷脂和磷蛋白的组成成分。羊的日粮中钙磷比例以 1.5：1～2：1 为宜。日粮中缺乏钙或钙磷比例不当时，羊食欲减退、消瘦、生长发育不良，幼畜患佝偻病；磷缺乏时，羊出现异食癖，如吃羊毛、砖块、泥土等。谷实类、饼粕、糠麸含磷较高，动物性饲料如鱼粉含磷丰富。日粮补钙磷可使用磷酸氢钙。

钠和氯 钠和氯是维持机体渗透压及酸碱平衡的重要离子，并参与水的代谢。钠和氯元素长期缺乏，会发生食欲下降。补充钠和氯一般用食盐，其既是营养品，又是调味剂，可提高食欲，促进生长。植物性饲料，尤其是作物秸秆，含钠、氯较少，因此应经常给羊喂盐。一般按日粮干物质的 0.15%～0.25%或混合精料的0.5%～1%补给。青粗饲料中含钾多，钾能促进钠的排出，为此对放牧饲养的羊要多补一些食盐，以粗饲料为主的羊要比以精料为主的羊多喂些。

铁 铁主要存在于羊的肝脏和血液中，为血红素及各种中短呼吸酶的成分。饲料中缺铁时，羊易患贫血症，羔羊尤为敏感。供铁过量会引起磷的利用率降低，导致软骨症。幼嫩的青绿饲料和谷类含铁丰富。

铜 铜与铁的代谢关系密切，是许多氧化酶的组成成分，参与造血过程，促进血红素的合成。当机体缺铜时，会减少铁的利用，造成贫血、消瘦、骨质疏松、皮毛粗硬、毛品质下降等。日粮中铜过量会引起中毒，尤其是羔羊，对过量铜耐受力较差。一般饲料中含铜较多，但缺铜地区土壤生长的植物含铜量较低，容易引起羔羊铜缺乏症。日粮中可用硫酸铜、氯化铜补充。

锌 锌是构成动物体内多种酶的重要成分，参与脱氧核糖核酸代谢作用，能影响性腺活动和促进性激素活性。锌还可防止皮肤干裂和角质化。日粮中缺锌时，羔羊生长缓慢，皮肤不完全角化，可见脱毛和皮炎，公羊睾丸发育不良。锌在青草、糠麸、饼粕类中含量较多，玉米和高粱中含锌较少。日粮高钙易引起羔羊缺锌。

锰 锰对羊的生长、繁殖和造血都有重要作用，为多种酶的激活剂，能影响体内一系列营养物质的代谢。严重缺锰时，羔羊生长缓慢，骨组织损伤，容易发生弯曲、骨折和繁殖困难。锰在青绿饲料、米糠、麸皮中含量丰富，谷实及块根、块茎中含量较低。

硫　硫是蛋氨酸、胱氨酸、半胱氨酸等含硫氨基酸的组成成分，对合成机体蛋白质和激素，以及碳水化合物代谢有重要作用。羊瘤胃中微生物能利用无机硫和非蛋白氮合成含硫氨基酸，日粮干物质中氮比例以 5 : 1～10 : 1 为宜。因此在饲喂尿素的同时，可日补硫酸铜 10g，使之占日粮干物质的 0.25%，这对防止羊肠毒血症死亡有效果。

钴　钴是维生素 B_{12} 的组成成分，如果饲料缺钴会影响维生素 B_{12} 的合成。土壤中缺钴的地区生长的牧草含钴量较低，当每千克饲草干物质含钴量低于 0.07mg 时应补钴，一般选用硫酸钴或氯化钴。

硒　硒是谷胱甘肽过氧化酶的组成成分。这种酶有抗氧化作用，能把过氧化脂类还原，防止这类毒素在体内蓄积。缺硒可引起白肌病，羔羊更敏感。在缺硒地区要补硒，一般用亚硒酸钠。

六、维生素

维生素对维持羊的健康、生长和繁殖有十分重要的作用。成年羊瘤胃微生物能合成 B 族维生素、维生素 C 及维生素 K，这些维生素除哺乳期羔羊外一般不会缺乏。在羊的日粮中要注意供给足够的维生素 A、维生素 D 和维生素 E。

瘤胃微生物在发酵过程中可以合成维生素 B_1、维生素 B_2 和维生素 K，成年羊一般不会缺乏这几种维生素。一般情况下，瘤胃微生物合成的 B 族维生素可以满足羊在不同生理状况下的需要。通常羊饲养标准中只列出了维生素 A、维生素 D 和维生素 E 的需要量，单位是国际单位（IU），只要喂给足够数量的青干草、青贮饲料或青绿饲料，羊所需要的各种维生素基本能得到满足。

参 考 文 献

丁莉. 2007. 关中奶山羊周岁前消化系统发育规律的研究. 西北农林科技大学硕士学位论文.

冯涛. 2005. 日粮蛋白质水平对舍饲羔羊育肥性能及肉品质影响的研究. 西北农林科技大学硕士学位论文.

郭爱伟, 张力, 熊春梅, 等. 2006. 代乳料对羔羊生产性能及血液生化指标的影响. 安徽农业科学, 36(18): 7693-7695.

郭江鹏, 张元兴, 李发弟, 等. 2011. 0～56 日龄舍饲肉用羔羊胃肠道发育特点研究. 畜牧兽医学报, 42(4): 513-520.

韩正康, 陈杰. 1988. 反刍动物瘤胃的消化和代谢. 北京: 科学出版社: 7-11.

江喜春, 夏伦志, 张乃锋, 等. 2015. 代乳粉能量水平对早期断奶湖羊羔羊生长性能和物质代谢的影响. 中国畜牧杂志, 51(7): 50-53.

寇慧娟, 陈玉林, 刘敬敏, 等. 2011. 酵母培养物对羔羊生产性能、营养物质表现消化率及瘤胃发育的影响. 西北农林科技大学学报, 39(8): 44-50.

李雪玲, 柴建民, 张乃锋, 等. 2017. 断奶羔羊 4 种必需氨基酸限制性顺序和需要量模型探索. 动物营养学报, 29(1): 106-117.

刘涛, 富俊才, 李泽, 等. 2012. 不同脂肪水平代乳料对哺乳羔羊生长性能的影响. 中国畜牧杂志, 48(13): 40-43.

刘月琴, 王宝山, 张英杰, 等. 2004. 日粮类型对小尾寒羊小肠消化酶活性影响的研究. 中国草食动物科学, (Z1): 131-134.

祁敏丽, 刁其玉, 张乃锋. 2015. 羔羊瘤胃发育及其影响因素研究进展. 中国畜牧杂志, 51(9): 77-81.

祁敏丽, 马铁伟, 刁其玉, 等. 2016. 饲粮营养限制对断奶湖羊羔羊生长、屠宰性能以及器官发育的影响. 畜牧兽医学报, 47(8): 1601-1609.

孙志洪. 2010. 关键营养素限制对早期断奶羔羊胃肠道发育程序化及营养干预研究. 中国科学院博士学位论文.

王彩莲, 郝正里, 李发弟, 等. 2010. 0～56 日龄放牧羔羊消化道的特点和瘤胃功能变化. 畜牧兽医学报, 41(4): 417-424.

王彩莲, 郎侠. 2013. 放牧绵羊消化器官的发育性变化. 中国草食动物科学, 3(1): 21-25.

王桂秋. 2005. 营养水平对羔羊物质消化的影响及羔羊早期断奶时间的研究. 中国农业科学院饲料研究所硕士学位论文.

王海荣, 侯先志, 王贞贞, 等. 2008. 不同纤维水平日粮对绵羊瘤胃内环境的影响. 内蒙古农业大学学报(自然科学版), 29(3): 9-14.

王世琴, 李冲, 李发弟, 等. 2014. 开食料中性洗涤纤维水平对哺乳羔羊生长性能和消化道发育的影响. 动物营养学报, 26(8): 2169-2175.

翁秀秀. 2013. 饲喂不同日粮奶牛瘤胃发酵和 VFA 吸收特性及其相关基因表达的研究. 甘肃农业大学博士学位论文.

解彪, 张乃锋, 张春香, 等. 2018. 粗饲料对幼龄反刍动物瘤胃发育的影响及其作用机制. 动物营养学报, 30(4): 1245-1252.

岳文斌. 2000. 现代养羊. 北京: 中国农业出版社.

岳新喜. 2011. 蛋白质水平及饲喂量对早期断奶羔羊生长性能及消化代谢的影响. 塔里木大学硕士学位论文.

赵恒波, 罗海玲, 徐永锋, 等. 2006. 羔羊消化器官的早期生长发育和瘤胃内主要消化酶活性的变化. 中国畜牧杂志, 42(11): 15-18.

周玉香, 卢德勋, 孙海洲. 2005. 犊牛胃肠道生长发育以及促进其早期生长发育的措施. 黑龙江畜牧兽医, (9): 18-20.

朱文涛. 2005. 15～150 日龄羔羊日粮消化率和瘤胃消化功能变化的研究. 新疆农业大学博士学位论文.

Ader P, Blöck M, Pietzsch S, et al. 2001. Interaction of quercetin glucosides with the intestinal sodium/glucose co-transporter (SGLT-1). Cancer Lett, 162(2):175-180.

Aschenbach J R, Bhatia S K, Pfannkuche H, et al. 2000. Glucose is absorbed in a sodium-dependent manner from forestomach contents of sheep. J Nutr, 130(11): 2797-2801.

Aschenbach J R, Penner G B, Stumpff F, et al. 2011. Ruminant nutrition symposium: role of fermentation acid absorption in the regulation of ruminal pH. J Anim Sci, 89(4): 1092-1107.

Bedford A, Chen T, Huynh E, et al. 2015. Epidermal growth factor containing culture supernatant enhances intestine development of early-weaned pigs in vivo: potential mechanisms involved. J Biotechnol, 196-197: 9-19.

Daniels K M, Yohe T T. 2015. What do we know about rumen development? Virginia Tech Dairy Science, 2(20): 1-7.

Fonty G, Gouet P, Jouany J P, et al. 1987. Establishment of the microflora and anaerobic fungi in the rumen of lambs. J General Microbiol, 133(7): 1835-1843.

Gabel G, Aschenbach J R, Muller F. 2002. Transfer of energy substrates across the ruminal epithelium: implications and limitations. Anim Health Res Rev, 3(1): 15-30.

Górka P, Kowalski Z M, Pietrzak P, et al. 2011. Effect of method of delivery of sodium butyrate on rumen development in newborn calves. J Dairy Sci, 94(11): 5578-5588.

Hematulin A, Sagan D, Eckardt-Schupp F, et al. 2008. NBS1 is required for IGF-1 induced cellular proliferation through the Ras/Raf/MEK/ERK cascade. Cell Signal, 20(12): 2276-2285.

Lane M A, Baldwin VI R L, Jesse B W. 2002. Developmental changes in ketogenic enzyme gene expression during sheep rumen development. J Anim Sci, 80(6): 1538-1544.

Li R W, Connor E E, Li C J, et al. 2012. Characterization of the rumen microbiota of pre-ruminant calves using metagenomic tools. Environ Microbiol, 14(1): 129-139.

Lu J, Zhao H, Xu J, et al. 2013. Elevated cyclin D1 expression is governed by plasma IGF-1 through Ras/Raf/MEK/ERK pathway in rumen epithelium of goats supplying a high metabolizable energy diet. J Anim Physiol Anim Nutr (Berl), 97(6): 1170-1178.

Mentschel J, Leiser R, Mülling C, et al. 2001. Butyric acid stimulates rumen mucosa development in the calf mainly by a reduction of apoptosis. Arch Anim Nutr, 55(2): 85-102.

Naeem A, Drackley J K, Stamey J, et al. 2012. Role of metabolic and cellular proliferation genes in ruminal development in response to enhanced plane of nutrition in neonatal Holstein calves. J Dairy Sci, 95(4): 1807-1820.

Penner G B, Steele M A, Aschenbach J R, et al. 2011. Ruminant nutrition symposium: Molecular adaptation of ruminal epithelia to highly fermentable diets. J Anim Sci, 89(4): 1108-1119.

Ren W, Zhao F F, Zhang A Z, et al. 2016. Gastrointestinal tract development in fattening lambs fed diets with different amylose to amylopectin ratios. Can J Anim Sci, 96(3): 425-433.

Steele M A, Croom J, Kahler M, et al. 2011. Bovine rumen epithelium undergoes rapid structural adaptations during grain-induced subacute ruminal acidosis. Am J Physiol Regul Integr Comp Physiol, 300(6): R1515-R1523.

Stobo I J F, Roy J H B, Gaston H J. 1966. Rumen development in the calf. Brit J Nutr, 20(2): 171-188.

Wardrop I D, Coombe J B. 1960. The post-natal growth of the visceral organs of the lamb I. The growth of the visceral organs of the grazing lamb from birth to sixteen weeks of age. J Agric Sci, 54(1): 140-143.

Wardrop I D, Coombe J B. 1961. The development of rumen function in the lamb. Aust J Agr Res, 12(4): 661-680.

Yan L, Zhang B, Shen Z. 2014. Dietary modulation of the expression of genes involved in short-chain fatty acid absorption in the rumen epithelium is related to short-chain fatty acid concentration and pH in the rumen of goats. J Dairy Sci, 97(9): 5668-5675.

第三章 母子一体化饲养模式

第一节 母子一体化概述

母子一体化指的是兼顾母子需求，通过营养搭配、科学管理，实现母子健康，母羊多产、羔羊少死，最终达到盈利和可持续发展的目标。母子一体化通常包含了母羊妊娠后期（90～150 天）和哺乳期（0～60 天）。

一、母羊妊娠期营养与繁殖性能

妊娠期母羊的营养会影响其健康及产后恢复。研究显示，在妊娠后期采用较高的营养水平，不仅可使母羊在妊娠期能自身正常增重、泌乳期有较高的泌乳能力、产后羔羊增重速度快，且有利于羔羊的早期断奶，使母羊在产后体况快速恢复，缩短产羔间隔，提高母羊的繁殖能力。孙锐锋等（2013）研究了妊娠后期能量水平对杂交母羊在断奶后发情率和受胎率的影响，试验选用低能量、中等能量、高能量三个水平饲喂，结果显示三组的断奶发情天数分别为 20.45 天、16.16 天、13.75 天，断奶时发情率 80%、90%、100%，受胎率 90%、95%、100%。因此，适宜的能量水平增加有利于缩短发情间隔，提高发情率和受胎率。妊娠期母羊适宜的营养摄入可减少动物自身组织的分解，有利于产后体况的恢复，提高发情率，缩短胎次间隔。母羊产羔率、羔羊初生重和成活率的提高及母羊空怀率的降低，可提高养殖效益。在集约化养殖条件下，合理提高营养的摄入水平可避免在妊娠阶段因营养不足引起的代谢疾病，同时也可避免因体质的下降而导致的产后乏情等症状。

二、母羊妊娠期营养与胎儿发育

胎儿发育是依靠血液从母体内获得大量的氨基酸、葡萄糖、脂肪、维生素、无机盐等用于满足自身的生长发育需要，当母体营养不良时，会导致胎儿的正常生长发育受阻。因此，母羊妊娠期营养受限会影响胎儿的生长发育，且会导致羔羊出生后高的死亡率和发病率。张帆（2017）研究显示，妊娠后期母羊的营养限制严重影响了胎儿的生长发育，且随营养水平的降低，限制程度增加，胎儿的体重、体长、胸围、腹围、曲冠臀长等均显著低于对照组。当母羊的营养受限时，母羊营养失调，会导致胎血营养供应不足，使得羔羊产生营养性贫血，影响羔羊胎儿的生长。因此，母体的营养摄入量会影响到胎儿的正常发育，不仅可能影响到胎儿的体重、体尺指标，而且可能影响到胎儿组织结构的发育，生长相关的基因表达也会受到影响。

羔羊在胎儿期营养的获取途径包括内源性合成和外源性摄取，而内源性合成主要通过体内的肝脏等器官合成，外源性摄取可通过卵黄囊和胎盘摄取。肝脏是胎儿期各营养物质代谢的调节中心。研究表明，妊娠后期的母羊营养限制了胎儿肝脏的生长发育，肝脏的脂肪合成能力受到严重的影响，肝脏中脂蛋白酶和肝脂酶的活性降低，干物质、蛋白质、脂肪、水分、灰分等的沉积能力下降。胎儿的肝脏代谢维持着胎儿的健康成长，母羊的营养通过脐带血进入胎儿体内后，通过肝脏的代谢转化为胎儿可用的营养物质，当肝脏的营养物质合成或沉积能力受限时，可一定程度影响到胎儿体内的组织器官发育，进而影响其健康（张帆和刁其玉，2017）。

三、母羊妊娠期营养与羔羊生长性能

母羊在妊娠期为胎儿发育提供充足营养物质，可保障胎儿发育，同时在泌乳期可为羔羊提供充足的母乳以提高其生长性能。研究发现，妊娠母羊在补饲矿物质预混料的情况下，显著提高了羔羊的初生重及出生后 90 天内的生长速度，对羔羊的骨骼发育有重要作用（张进涛等，2014）。研究还发现，能量的限制影响到羔羊的初生重和组织器官的发育，原因可能是当母羊摄取的营养水平低于自身可调控的阈值时，则胎儿获取的营养会降低，影响到胎儿的发育。低的初生重会降低产后羔羊的生长速度，同时组织器官重量的降低说明在妊娠期母羊的能量限制影响到羔羊器官的发育，并可能影响其功能，降低动物的免疫和消化能力，也会影响其生长速度和健康。胎儿在子宫内的器官发育对于新生羔羊的健康有重要作用。妊娠后期母羊的能量限制会影响到羔羊初生重和组织器官的重量及功能，因此在妊娠后期要重视母羊的能量水平，避免因能量不足影响胎儿的发育（田丰等，2015）。在妊娠后期为母体提供充足蛋白质，可降低母体动用体内储备用于满足胎儿发育。母体的营养摄入量影响胎儿和母体的健康，胎儿的发育不良会影响产出后的体质、抗病能力、生长速度等，同时母体营养的缺乏可能导致其乳成分和泌乳量的不足，特别是在当前追求多产、高产的条件下，更会导致子代的营养摄入不足，降低子代的生产性能，并可能导致成活率降低，影响生产效益（李士栋，2013；张帆等，2017）。

第二节 母羊的饲养管理

繁殖性能是母羊的一项重要生产性能。母羊的繁殖性能不仅受到体重、年龄、饲养管理条件的影响，还受到其摄入的营养水平的影响。营养物质通过对母羊生理状态、生殖系统和胎儿发育等的影响而发生作用，只有满足母羊的营养需求才能提高其繁殖性能，科学的饲养管理对发挥母羊的生产性能有较大的促进作用。

20世纪90年代以后，我国肉羊产业进入快速发展阶段，在以河北、山东、河南、江苏、四川为代表的农区，以及以内蒙古、甘肃、新疆为代表的牧区、农牧交错区，全面开展了多元杂交，进行肉羊生产，使我国的肉羊产业得到迅猛发展。农区和牧区肉羊的饲养管理因其各自的客观条件而有所不同，因地制宜地科学饲养母羊对肉羊产业的发展将产生重要的影响。

一、母羊放牧补饲营养工程技术

以放牧为主的草原肉羊养殖业主要分布在以内蒙古、新疆、甘肃等为主的北方地区。我国约有2.87亿hm² 草原和0.67亿hm² 草坡，由于地理位置和自然条件的限制，不宜发展农业种植业，但是适宜林业和牧业。根据草原实际情况发展放牧畜牧业，不但有利于增加牧民收入水平，而且能够充分利用我国的自然资源，同时还具有投入少、经济效益好等优点。但是，这种以放牧为主的养殖业也存在明显的劣势，从总体上来看，放牧畜牧业还没有摆脱靠天养畜的被动局面，其周转方式属于消耗性周转。羊一般4～5年为一周转期，中间经过几个冬春季节的枯草期，年复一年的"夏壮—秋肥—冬瘦—春死"，导致耗损严重，经济效益很低。为了改变这种被动局面，需要运用系统的营养调控理论和技术，解决放牧母羊科学补饲问题。

草原放牧条件下，母羊放牧补饲主要有三个目标：①改善放牧母羊营养缺乏或营养不平衡；②获得理想的生产性能；③应对或减少由自然灾害引起的放牧母羊的生产损失。在生产实践中，王洪荣等（1997）提出了一套符合整体调控的放牧母羊补饲方案，具体技术路线见图3-1。

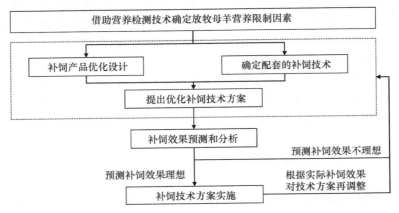

图3-1　母羊放牧补饲营养工程技术运行模式

1. 确定放牧母羊营养限制因素

确定放牧母羊营养限制因素是设计与实施放牧补饲及营养调控的关键和依据，借助放牧母羊营养检测技术来实现。在放牧条件下，营养检测技术不仅是检控各种营养调控技术系统的重要技术手段，也是为放牧补饲提供科学依据的根本技术手段。

由于放牧羊所处的环境不同，如随着季节的变化，北方草原地区牧草的营养成分全年存在着明显的动态变化，而随着放牧羊生理状况的不同，其营养需要量也呈动态变化，但两者并不同步，导致牧草营养供给与绵羊营养需要脱节，即营养供需失衡。冬春季节是草原放牧羊生产中最关键的时期，母羊正处于妊娠和泌乳期，其营养需要达到了高峰，而此时又恰好是一年中牧草营养供给量最低的时期，牧草中木质素含量高，粗蛋白含量和消化率最低。这使得营养供应量严重不足，致使放牧羊在冬春季节内的营养供需矛盾十分尖锐，导致放牧羊掉膘，影响其健康和下一年的生产性能。荒漠草原月产草量和放牧羊体重动态变化见图3-2。

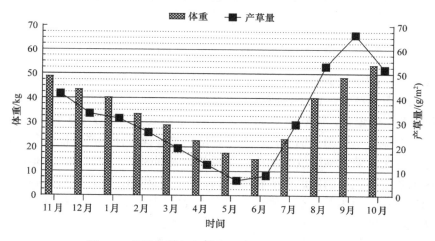

图 3-2　荒漠草原月产草量和放牧羊体重动态变化

由于上述牧草产量和放牧羊营养需要的矛盾，放牧羊一年中有两个关键时期：一个是长达7个多月的冬春季节枯草期；一个是牧草返青期（约半个月）。这两个时期均会发生营养消耗大于营养摄入的现象（李长青等，2016）。冬春季节枯草期由于寒冷应激使维持营养需要增加，而此时正是母羊妊娠和泌乳的关键时期，营养需要增加，加之放牧羊营养摄入水平较低，母羊必须动用体内的脂肪和蛋白质来供应能量并维持体温，导致母羊体况下降，给我国北方地区养羊生产造成了巨大的损失。同时，每年晚春至初夏时期，我国北方牧区牧草刚刚返青，此时牧草幼嫩、适口性好且营养价值甚高，放牧羊只在牧场上易出现"跑青"现象。此时的牧草覆盖率低，草丛高度亦低，导致绵羊的营养摄入量远低于"跑青"所消耗的能量，入不敷出，出现了大量掉膘的现象。放牧羊营养需要量与营养摄入量见图 3-3。

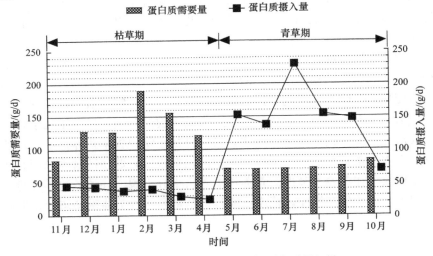

图 3-3 放牧羊蛋白质需要量与蛋白质摄入量

此外，矿物质元素缺乏可导致放牧家畜机体代谢紊乱、生长发育停滞、繁殖能力受损，甚至死亡。由于目前我国草原实行包产到户，牧户的放牧草场相对固定，随着草原的退化，牧草种类逐渐减少，导致地域性的放牧羊矿物质元素缺乏。我国北方草原牧草中硒、铜和锌均不能满足绵羊发挥最佳生产性能的营养需要。据报道，锌是内蒙古地区放牧绵羊的主要营养限制因素；钠、磷、锌是内蒙古敖汉地区放牧绵羊主要的限制性矿物质，钙、镁、钼和钴是该地区可能存在亚临床缺乏的矿物质；而内蒙古东苏旗地区曾多次暴发铜缺乏症。一般矿物质元素的亚临床缺乏不易被发现，一旦转化为临床症状后就会给养羊生产带来巨大的损失。因此，矿物质元素也是放牧羊的营养限制性因素之一。

2. 制订优化的补饲技术方案

放牧肉羊补饲方案包括补饲产品设计、与该补饲产品相配套的补饲技术的系统集成两个方面（郭天龙等，2012）。综上所述，放牧母羊的营养限制因素是多方面的，包括能量、蛋白质和矿物质，为此，在设计补饲产品时，只有使其整体营养处于优化的基础上，才能使补饲效果明显，同时要充分考虑肉羊品种特点、生理状况、气候条件等因素，做到因畜因时制宜。目前，放牧补饲主要有以下方法：采用科学的放牧制度；冬季保暖；控制"跑青"；改变产羔制度；分阶段饲养和分群饲养；利用青饲进行催化性补饲。

3. 补饲效果的预测和分析

母羊放牧补饲涉及两个非常复杂的生态系统：一是动物营养系统；二是草地生态系统。母羊放牧补饲效应则取决于这两个生态系统的互作，具体表现为以下三种。

（1）相和效应

这种效应表现为给予放牧绵羊补饲后，其牧草采食量不会降低。这种情况在实际中很少存在。

（2）相克效应

这种效应表现在给予放牧绵羊补饲后，其牧草采食量降低。每单位补饲产品采食量使牧草采食量降低的程度，称之为"替换率"。例如，给放牧绵羊每天投喂补饲产品 300g 干物质后，使牧草采食量降低 180g 干物质，那么补饲的替换率应为 60%。

（3）相补效应

这种效应表现在给予放牧绵羊补饲后，其牧草采食量增加。当绵羊采食低质饲草时，由于一些矿物质元素和可发酵氮源的缺乏，其牧草采食量会降低。如果通过补饲纠正了放牧绵羊日粮的营养物质缺乏，就会出现相补效应。

相克效应与相补效应是一个连续过程中两个密切关联的不同阶段。一些研究表明，当补饲的可溶性氮满足了绵羊瘤胃微生物的需要时，如果再增加补饲产品饲喂量，就有可能使其原来产生的相补效应向能使饲草采食量下降的相克效应方向转化。但是，研究者们也发现尽管牧草采食量下降，但日粮采食量并不降低，总的能量摄入量反而提高，从最终结果来看，绵羊日增重还是会持续增高。

在实施过程中，应根据实际的补饲效果检验该补饲技术方案的优化程度，进一步对该补饲方案进行再调整，以达到真正优化的目标。

二、不同生理时期放牧母羊的饲养管理

要根据放牧母羊不同时期的生理特点和营养需要，制订不同的饲养管理制度。

1. 空怀期放牧母羊的饲养管理

空怀期是指母羊从哺乳期结束到下一个配种怀胎的时期，也是母羊抓膘复壮、为妊娠储备营养的时期。该时期饲养以青粗饲料为主，并适当补饲精饲料，合理配置饲料配方，延长饲喂时间，对体况较差的空怀母羊可多补一些精饲料。在夏季青草充足时，可以不补饲或少补饲，控制体重；在冬季应当补饲，以保证体重

有所增长。空怀期除要抓好饲养管理外，还要对羊群的繁殖状况进行调整，淘汰老龄、生长发育差、哺乳性能不好的母羊，从而保证羊群有很好的繁殖性能。

在母羊发情前后，如果日粮能量水平高，可增加排卵率，同时对母羊的胚胎早期存活也有很大影响，当体况差时，母羊为胎盘提供葡萄糖的能力差，导致胚胎发育不良，甚至造成胚胎着床前死亡。因此，在配种前进行放牧抓膘或补饲，可使母羊卵细胞成熟发育加快，配种时排卵数增加、产羔集中，从而提高产羔率。

针对内蒙古草原地区冬季极端低温、积雪，导致母羊采食牧草不足、身体瘦弱，最终影响母羊受胎率的情况，开展配种前催情补饲，可有效提高母羊生产性能。

具体措施是在配种前 17 天归牧后补饲催情饲料。从实验结果来看（表 3-1），配种前补饲催情饲料 17 天，日补饲量 113g，试验组日增重为 109.5g，对照组为 –53.18g。试验组与对照组相比，日相对增重为 162.68g，差异显著，表明配种前催情补饲使繁殖母羊日增重显著增加。试验组第一情期发情 110 只，发情率为 94%（表 3-2）；对照组第一情期发情 86 只，发情率为 88.6%，试验组比对照组高 5.4%。

表 3-1   配种前补饲母羊增重情况统计

组别	羊数/只	天数/天	初始体重/kg	末期体重/kg	补饲量/（g/d）	日增重/（g/d）
试验组	117	17	48.67[a]	50.53[a]	113	109.5[a]
对照组	97	17	47.91[a]	47.00[b]	0	–53.18[b]

注：同列无字母或肩标相同字母表示差异不显著（$P>0.05$），不同小写字母表示差异显著（$P<0.05$）。

表 3-2   母羊第一情期发情率统计

组别	试验羊数/只	发情羊数/只	第一情期发情率/%
试验组	117	110	94
对照组	97	86	88.6

试验组第一情期产羔率为 87.18%，对照组为 76.31%，在配种技术、放牧条件相同的情况下，试验组比对照组高 10.87%；此外，试验组比对照组双羔率高 9%（表 3-3）。

表 3-3   母羊产羔情况统计

组别	数量/只	产羔数/只	单羔/只	产羔率/%	双羔母羊数/只	双羔率/%
试验组	103	90	22	87.18	3	12
对照组	97	74	64	76.31	2	3

本试验结果表明，放牧羊在配种前催情补饲，可以提高母羊的发情率和产羔率。

母羊的发情受遗传、品种、营养、光照、年龄、气象等因素影响，营养是其中重要的影响因素之一，尤其是在母羊围产期及产后泌乳期，机体内营养代谢和内分泌代谢调节机能的剧烈变化，直接影响母羊的发情行为。而羔羊初情期的主要影响因素有品种、个体、季节和饲养管理条件等。肉用羊初情期年龄一般为5～6月龄。如果营养偏高，初情期会提前；反之，则初情期会延迟。日粮中添加营养补充物有利于母羊生殖机能的恢复，促进母羊的产后发情。对于小尾寒羊产后母羊，饲喂高、中等能量水平日粮能显著提高发情率。

在母羊初情期阶段，如果蛋白质摄入不足，则会使排卵延迟，空怀期增长。初情期的年龄与日粮中蛋白质的含量呈正相关，在牧草质量低的草场上放牧或单纯依靠粗饲料饲喂，由于母羊蛋白质摄入不足而导致初情期延迟。此外，产后发情时间也受前一妊娠期和哺乳期蛋白质水平的影响。当日粮蛋白质水平过高，超过机体需要，甚至超过了机体的调节能力时，则会影响繁殖力，主要表现为代谢机能紊乱、肝脏结构和功能的损伤。另外，日粮氨基酸不平衡也会延迟初情期。

在绵羊生产实践中，按照营养调控方案及时调整日粮配方，既可以降低母羊饲养的成本、提高饲养的经济效益，又可以增加排卵率、胚胎存活率、产羔率和羔羊初生量，达到提高母羊繁殖率的目的。

2. 妊娠期放牧母羊的饲养管理

根据妊娠期母羊所处生理阶段的不同，以及不同生理阶段母羊的营养需要量的不同及日常管理侧重点不同，对妊娠母羊应分别做好妊娠前期和妊娠后期的饲养管理。

（1）妊娠前期放牧母羊的饲养管理

母羊的妊娠期为5个月，前3个月称为妊娠前期。这一时期胎儿发育较慢，此期所需营养与母羊空怀期大体一致，必须保证母羊所需营养物质的全价性，特别要保证此期母羊对维生素及矿物质元素的需要，以提高母羊的妊娠率。保证母羊所需要营养物质全价性的主要方法是对日粮进行多样搭配。青草季节通过放牧即可满足母羊的营养需要，不用补饲。枯草期羊放牧吃不饱时，除补饲干草或秸秆外，还应适量饲喂胡萝卜和青贮饲料等富含维生素及矿物质的饲料。

（2）妊娠后期放牧母羊的饲养管理

母羊产前2个月为妊娠后期。这一时期胎儿在母体内生长发育迅速，胎儿的骨骼、肌肉、皮肤和内脏等器官生长很快，胎儿初生重约90%的体重是在母羊妊娠后期增加的，因此这一时期母羊所需要的营养物质多、质量高。应该给母羊补饲含蛋白质、维生素和矿物质丰富的饲料，如青干草、豆饼、骨粉和食盐等。每只羊每天补饲混合饲料0.5～0.7kg，要求日粮中粗蛋白含量为150～180g。如果母羊妊娠后期营养不足，胎儿发育就会受到影响，导致羔羊初生重小、抵抗力差、成活率低。注意不要喂给母羊发霉、变质和腐烂的饲料，以防流产。临产前3天做好接羔准备工作。

产房在产羔前彻底消毒一次，产羔高峰时期应增加消毒次数，产羔结束后再进行一次消毒。羊舍出入口应放置浸有消毒液的麻袋片或草垫，并定期喷洒消毒液。消毒药一般选用广谱、高效、低毒、作用快、性能稳定和使用方便的药物。羊舍地面、墙壁和饲槽等可选用烧碱、生石灰、漂白粉、复合酚等；羊体的消毒可选用聚维酮碘、百毒杀、新洁尔灭（苯扎溴铵）等。

3. 哺乳期放牧母羊的饲养管理

羔羊出生 7 天内，应母子同栏饲养，到羔羊强壮、母子亲合后，方可进入育羔室大群，育羔室的温度应在 5℃ 以上，最低也应在 0℃ 以上。7～20 日龄羔羊白天留在羊舍内，母羊在附近草场放牧，白天返回 3～4 次，至少保障 2 次，给羔羊哺乳，夜间母子合群自由哺乳。

母羊的哺乳期一般是 3～4 个月，可分为泌乳前期、泌乳盛期和泌乳后期。泌乳前期主要保证母羊的泌乳机能正常，细心观察和护理母羊及羔羊。母羊产后身体虚弱，应加强喂养。补饲的饲料要营养价值高、易消化，使母羊尽快恢复健康和分泌充足的乳汁。泌乳盛期一般在产后 30～45 天，母羊体内储存的各种养分不断减少，体重也有所下降，这一时期的饲养条件对泌乳量有很大影响，应给予母羊最优越的饲养条件，配合最好的日粮。日粮水平的高低可根据羊泌乳量的多少进行调整，通常每只母羊每天补喂多汁饲料 2kg、混合饲料 0.8～1.0kg。泌乳后期要逐渐降低日粮的营养水平，控制混合饲料的饲喂量。放牧羔羊一般在 2～3 月龄断奶，羔羊断奶后母羊进入空怀期，这一时期主要做好日常饲养管理工作。

三、舍饲母羊的饲养管理

近年来，我国养羊模式发生了重大改变，正由粗放型的传统饲养逐步向规模化和集约化的现代化方向转变。舍饲母羊和放牧母羊的饲养管理根据所处环境的不同，在不同的生理阶段有所区别，要合理制订饲养管理制度。

1. 空怀期舍饲母羊的饲养管理

空怀期的母羊没有妊娠或分泌乳汁的负担，因此对于膘情正常的空怀期母羊进行维持饲养即可。1 只体重为 40kg 的母羊，可每日供给青干草 1.5～2kg、青贮饲料 0.5kg。要求日粮中粗蛋白总量为 110～130g，不必饲喂精饲料。如果粗饲料品质较差，每日补饲 0.2kg 精饲料。使母羊能够达到满膘配种，这是提高母羊多胎性和受胎率的有效措施。如果在配种前 45 天开始给予短期优饲，使母羊获得足够的蛋白质、矿物质和维生素，保持良好的体况，可以促进母羊早发情、多排卵、发情整齐和产羔期集中，提高受胎率和多羔率。

舍饲母羊常通过人工控制母羊的繁殖。人工控制母羊繁殖的措施主要包括诱导发情和同期发情等技术，可有效减少母羊空怀，使母羊及时配种受胎，缩短繁殖周期。对乏情或错过发情未配种的母羊，可用甲孕酮 40～60mg、孕酮 150～250mg、18 甲基炔诺酮 30～40mg 和氟孕酮 30～60mg 配成悬浮液，用海绵浸药液塞入母羊子宫颈口处，10～14 天取出，当天注射孕马血清 400～750IU，2～3 天后被处理的母羊大多数可发情配种。也可用上述药液的 1/5 剂量拌入饲料中饲喂母羊，12～14 天后停药，最后一次口服的当天注射孕马血清 400～750IU，可诱导母羊同期发情配种。

2. 妊娠期舍饲母羊的饲养管理

为了追求舍饲母羊的养殖效益，舍饲的母羊品种大多具有多胎性，这就要求在母羊妊娠期，特别是妊娠后期要增加蛋白质和钙磷的摄入量，配制日粮时要按照不同品种的产羔数计算日粮中的蛋白质和钙磷含量，保证母羊妊娠期的营养需要量。保证饲料的多样搭配，切忌饲料单一，并且应保证青绿多汁饲料、青贮饲料和胡萝卜等饲料的常年持续均衡供应（李康等，2017；2018）。

舍饲母羊因其具有多胎性、运动量较小，易造母羊产后缺钙，严重的甚至会造成产后瘫痪，同时影响羔羊的发育。对于规模化羊场，针对经同期发情处置的大批量妊娠母羊，采用软骨灵（含维生素 A、维生素 D、维生素 E）按 1g/kg 饲料拌料，于产前、产后 7～10 天内连续投喂。治疗时可分点肌内注射 20% 葡萄糖酸钙溶液 25～50ml，同时肌内注射黄芪多糖注射液 10～20ml，1～2 次/天，连用 3 天；亦可肌内注射 50mg 维生素 B_1 加维丁胶性钙 8ml，1 次/天，连用 5～7 天。代乳粉的使用可解决母羊产羔后瘫痪、无奶和少奶的问题，在满足羔羊快速生长发育的同时，还可以减少母羊体内物质消耗，有利于母羊的恢复。

舍饲母羊羊圈应温暖宽敞，圈门应宽大，防止出入圈时过分拥挤，造成流产；圈内地面应平坦干燥，防止母羊滑倒造成流产；要有充足的饲草料槽，防止羊群争食饲草料因拥挤而造成流产。舍饲母羊还需有充足的运动，最好有活动场地，适量的运动有利于母羊健康及胎儿发育，而且生产时不易发生难产。

3. 哺乳期舍饲母羊的饲养管理

对产后母羊的护理应注意保暖、防潮，避免受风和感冒，要保持产圈干燥、清洁和安静。产羔后 1h 左右，应给母羊饮 1.0～1.5L 温水或豆浆水，切忌饮冷水。同时要喂给优质干草，舍饲母羊要控制精料的饲喂量，以减少发生乳房炎的概率。饲喂精饲料时，要由少到多逐渐增加。

由于舍饲母羊品种大多具有多胎性，针对舍饲多胎母羊更要加强护理，要根据产羔数多喂些优质青干草和混合饲料。每只母羊每日应供给 1.5kg 青干草、2kg 青贮饲料和青绿多汁饲料、0.8kg 精饲料、8～15g 石粉、8～9g 食盐。

第三节　哺乳羔羊的饲养管理

从初生至断奶的小羊称哺乳羔羊。要提高羊群的生产性能，必须从羔羊的培育开始打下基础。羔羊的饲养管理在养羊业中举足轻重，直接影响到养殖户的经济效益，因此必须实行科学管理（刁其玉和张蓉，2017）。

一、接羔育羔技术

随着冬季的来临，牧区养羊户大多处于散养舍饲状态，大多数母羊已进入妊娠的中后期，冬季是羊主要产羔期。在产羔时，因各种原因会造成羔羊成活率不高，甚至造成母羊死亡，因此一定要重视妊娠后期母羊的饲养管理和产羔接羔技术。

1. 产羔前的准备

要准备充足的优质饲草料和营养丰富的精料，以备母羊产后恢复及哺乳羔羊时所需。应提前修缮羊圈，并做好防寒保温工作。产羔的地面应平整、防滑、干燥。提前对产羔的地方进行彻底消毒，在产羔时有条件的每天消毒一次。大多数散养户都没有专门的产羔栏，羔羊往往因踩踏、受饿和冻伤等原因死亡，甚至因难产发现太晚造成母羊的死亡，所以在产羔期应注意观察临产母羊，及时接生，以免造成损失。

2. 产羔期的管理

根据预产记录做好接产准备，当出现临产症状的母羊，应立即关入产羔栏，及时注意观察。正常胎位出生的羔羊，即两个前肢和头部先出，这种情况一般不需人工助产，胎儿过大除外。还有少数羔羊两后肢先出，这时应立即做人工牵引，防止胎儿窒息而死亡。应特别注意，双羔和多羔的母羊多需助产，还需要确定胎儿是否完全产完。当羔羊产下时，尽量让母羊舔干羔羊身上的黏液，一旦母羊不愿舔时，可在羔羊身上撒些麦麸皮、饲料，或将羔羊身上的黏液涂在母羊嘴上诱舔。母羊舔干羔羊，既可促进新生羔羊的血液循环，防止全身体温散失太快而造成羔羊死亡或受凉感冒，又有助于母羔相认。

对体弱、呼吸困难的羔羊应立即进行处理，掏出羔羊口、鼻的黏液，甚至及时做人工呼吸促进羔羊自主呼吸的恢复。脐带一般自然断裂，母羊产后站起基本就被扯断，如未断，可在离脐带基部约 10cm 处用消毒的剪刀剪断脐带，在羔羊脐带断端用 5%碘酊消毒。如果母羊难产，助产人员应做好自我防护，严格消毒，伸入产道检查：胎位异常的，根据情况适时纠正胎位后拉出；胎儿过大无法通过产道时，需要及时做剖宫产手术。

羊圈寒冷时，接生的羔羊和母羊应立即放到温暖的地方。遇寒冷天气，羔羊冻僵不起时，要生火取暖，同时迅速用35℃的温水浸浴，逐渐将热水兑成38～40℃，浸泡0.5h，再将其拉出尽快擦干全身，放到温暖处。母羊产后1周内分泌的乳汁称初乳，在羔羊出生0.5～1h，最迟不超过2h，必须吃上初乳，初乳浓度大、营养成分含量高，含有丰富的抗体球蛋白和矿物质元素，既可以使羔羊获得母源抗体、增强体质，又可以促进胎粪的排出。

二、哺乳羔羊的护理

羔羊出生时，反应不灵敏，体质弱，消化功能、体温调节机能尚不完善，对外界环境适应能力、肝解毒能力差，对疾病、寄生虫的防御能力、抗病力均较弱，易发病。哺乳羔羊的饲养管理是养羊生产的关键，哺乳期是羊生长发育较快而又较难饲养的一个阶段，稍不注意，就会影响发育和后期生长，还会导致羔羊发病率和死亡率的提高，给养羊业造成重大损失，要根据初生羔羊的生理特点加强全方位的护理工作（张乃锋等，2017）。

1. 抓好哺乳，保证羔羊生长健康

羔羊1～2周龄前，几乎全靠母乳获得抗体。初乳对于每一个新生羔羊都是必需的。初乳提供免疫球蛋白，这是任何人工合成产品所不能提供的。在羔羊刚出生的几个小时内，从初乳所获得的抗体主要用来防御传染性微生物，直到羔羊自己的免疫系统充分发育和起作用为止。因此，需加强怀孕母羊的饲养管理，确保母羊生产出体质健壮的羔羊，还要能在羔羊出生后，使其吃足初乳；对初产母羊或乳房发育不良的母羊，在母羊产前或产后除加强喂养外，还可采用乳房温敷和乳房按摩的方法促进乳房发育；对一部分产后体质瘦弱、产后患病及一胎多羔的高产母羊，除对患病羊及时给予治疗外，在喂养上对这类母羊也要给予特殊照顾，以利母羊尽快恢复体质，促进正常泌乳。同时对产后缺乳、产后母羊死亡及泌乳负担重的母羊，应在保证羔羊吃到初乳的前提下，及时对羔羊进行寄养和补喂代乳粉，确保羔羊的正常生长发育。为了防止相互传染疾病，应隔离病羔，奶具分用。

如遇母羊一胎多羔而奶水不足，以及母羊产后患病及死亡，应及早找单羔、死羔的母羊或奶山羊作为保姆羊代为哺乳，尽量让羔羊吃到一些其他母羊的初乳。若保姆羊不让吃奶，可把保姆羊的奶水涂在羔羊身上，并将保姆羊与羔羊关在暗屋里，一般几小时后保姆羊就让吃奶。若找不到保姆羊的情况下，可用代乳粉进

行人工喂养，人工喂乳可用奶瓶或浅的盆（碗），耐心训练羔羊学会饮乳，喂前将代乳粉加热到38～40℃，10日龄内的羔羊每2h喂1次，每次30～50ml，以后逐渐减少次数，增加饲喂量。用具要做到用一次刷一次，确保清洁卫生，喂奶后用清洁的毛巾将羔羊嘴上的余乳擦净，以免羔羊互相舐食。若母羊乳汁充足，羔羊2周龄体重可达到其出生重的1倍以上，羔羊表现背腰直、腿粗壮、毛光亮、精神好、眼有神、生长发育快；反之，则被毛蓬松、腹部小、拱腰背、长鸣叫等。

2. 重视管理，提高羔羊的成活率

现代肉羊养殖，必须保证必要的羊舍和活动场所建设。羊舍最好建有专门的育羔圈和产羔室，临产母羊、哺乳羔羊与成年羊分圈饲养。对开始放牧的羔羊应单独组群放牧，逐步由近到远训练羔羊放牧采食能力，并结合哺乳、舍内补饲，为羔羊提供良好的生长环境。与此同时，羊舍和运动场所要经常保持清洁干燥，并定期消毒灭菌。遇阴天或下雪、下雨天气，对羊舍和运动场所要勤换垫草，并勤撒干土、生石灰或草木灰吸湿防潮。进入冬春季节，要及时维修好羊舍，门窗用草帘或塑料薄膜遮掩，堵塞缝隙，做到羊舍不漏水、不潮湿，四壁不进贼风。如给羔羊舍生火取暖，要预留好排气孔，谨防烟尘危害羔羊健康。当羊外出放牧时，要及时将羊舍门窗打开透风换气，清除舍内垫草、粪便和饲料残渣，并将垫草晒干以备日后再用。如管理措施得当，可大大减少羔羊意外事故的发生。

3. 及时补料，促进羔羊快速生长

羔羊脐带干后，便可让其在圈舍周围自由活动。一周龄左右即可随母羊在避风向阳的牧场近距离放牧，此时放牧一方面是让羔羊跟随母羊逐渐学会采食青草，另一方面以便随时吸吮母乳。但开始放牧的时间不可过长，如羔羊放牧和引料及时，半月龄左右的羔羊即会采食草料。随着羔羊的生长发育加快，所需营养物质逐渐增加，而母羊的泌乳量在泌乳高峰期后逐渐减少。因此，为满足羔羊生长发育的需要，弥补母乳的不足，从半月龄左右开始，羔羊每天放牧回舍后，还应适当补喂优质青饲料，并搭配一定的精饲料。精料的补喂量应根据羔羊的日龄及体质状况而定，一般半月龄左右每天补喂50～150g，1～2月龄每天补喂150～300g，2～3月龄每天补喂300～500g，每天早晚各补喂一次。同时要保证有足够的饮水供应，以促进羔羊增膘保膘。

4. 做好防疫，提高羔羊健康水平

相对成年羊来讲，羔羊的抵抗能力弱，怕冷、怕潮湿，容易发生疾病和感染体内外寄生虫病。因此，除加强羔羊的饲养管理，注重哺乳补料、防冻防潮外，还应对羔羊建立整套的科学防疫程序。羔羊7日龄时注射羊"三联四防"疫苗，

该疫苗可预防羔羊痢疾、羊快疫、猝狙、肠毒血症等。15～20日龄时接种羊传染性脓疱疫苗（口疮疫苗）。30～45日龄时注射传染性胸膜肺炎疫苗。一般羊注射疫苗的免疫期为6个月至1年。羔羊除按程序防疫注射外，可根据免疫期长短，结合春、秋防疫给羊重复防疫注射。羔羊的防疫注射、驱虫、药浴等措施到位，可有效地预防羔羊发生疫病和体内外寄生虫病。如遇某种疾病呈地方性流行，除密切关注疫情的发展动态，做好严格的消毒灭源、强化防疫检疫等防范性措施外，一旦羊群发生疫情，应采取严格的隔离措施，并给予紧急性治疗，严防疫情扩散，以防危及羔羊健康。

三、哺乳羔羊的管理要点

1. 羊舍的准备

舍饲育肥，要对饲养密度做好充分的准备，限制羊群运动，从而扩大育肥效果。根据育肥羊的来源，做好相关的工作，尤其是要按照品种、类别、性别、体重和育肥方法来分别组织好羊群，根据羊群大小合理分配羊舍。羊舍应该选择通风、排水、采光避风和接近放牧地点及饲料的地方。在寒冷季节，对羔羊采取保温防寒措施防御疾病。羔舍内要勤出粪尿、勤换垫料，门窗要加盖厚门帘，必要时要生火取暖。无风晴天多到舍外活动，接受新鲜空气和阳光，多晒太阳，增加体内维生素D和胆固醇的含量，促进羔羊骨骼发育，增强抵抗力，营造清洁温暖的生活环境。

2. 健康检查及称重

计划投入育肥的羔羊，育肥前期要做好健康检查，育肥前后要称重，从而达到良好的育肥效果。

3. 母羔断尾，公羊去势

对大尾或长尾母羔要尽早断尾，预防后备母羊配种难问题。在羔羊出生一周左右用一条结实的橡皮筋距尾根5cm处束上，涂上碘酊，2周后尾下部枯萎，自行脱落；也可用烧红的烙铁在尾椎结节处切断，烙烫止血。

对不作种用的公羔应去势，以减少消耗来提高增重。羔羊生后2周左右去势最适宜，采用易行、无出血、无感染的结扎法，先将公羔的睾丸挤到底部，然后用橡皮筋或细绳将睾丸上部紧紧扎住，以阻断血液流通，经过15～20天，其睾丸自行萎缩脱落；也可手术去势。公羊去势以后，可以降低饲养消耗，提高饲料报酬，增加体内脂肪的蓄积能力。同时为了便于管理，部分品种公羔需去羊角，羔羊一般在出生后7～10天去角，去角需有两人相对而坐，一人保定，另一人的一只手固定羊头，一只手去角。去羊角使用烙铁法，直接用300W的手枪式烙铁去角，安全可靠，速度快，出血少，经济实惠。

4. 做好防疫措施

为了增加肉羊的增重效果，提高饲料的转化效率，便于对育肥羊群的饲养管理，在进入到育肥前期，要对准备育肥的羊群做好驱虫工作和防疫措施。体内外寄生虫病是羔羊伴随放牧采食而形成的一种接触性侵袭性疾病，它以极其隐蔽的方式摧残羊的体质，抑制羔羊的生长发育，严重者甚至造成羔羊死亡。为有效地防止体内外寄生虫对羔羊的危害，羔羊 2 月龄后可用广谱、高效、低毒的丙硫苯咪唑（或与伊维菌素合用）按 8～15mg/kg 体重进行首次驱虫。体外寄生虫病可用0.05%双甲咪唑药液给予药浴，药浴应根据体外寄生虫病感染的具体情况而定，可定期或不定期地进行。大批驱虫前要积极做好小样测试。投药时在早晨空腹情况下食用，应注意的是，投药 3h 以后方可进水、进食。同时注意观察羔羊的情况，发现不良情况要及时采取措施来解决，提高工作效率。

5. 适时补料

出生 15 天后补喂优质干草，20 天后喂料，既可促进瘤胃发育，又能满足营养需要。随着日龄的增长，胃容积扩大，仅靠母乳已满足不了羔羊生长发育的营养需要，必须及时单独补喂草料。将代乳粉或炒熟的大豆、蚕豆、豌豆等粉碎料，加数滴羊奶，用温水拌成糊状，采食 10～30g/d，自由采食嫩鲜草或干青草，当羔羊习惯后逐步增加补喂配合料量。到哺乳后期，白天把羔羊单独组群，要有专用圈或放牧地，结合补饲全价精料和优质青、干草，自由饮水。补饲尽可能提早，少食多餐，避免伤食和应激。羔羊组群以后，必须要有一个适应期才可以开始育肥。

6. 适时断奶

适时断奶有利于母羊繁殖机能和身体状况的恢复，并能提高繁殖率（柴建民等，2015）。羔羊正常断奶时间为 60～90 天，管理精细、饲养条件较好且对羔羊进行早期补饲的养殖场（户）也可在 30～60 天时进行断奶。断奶时为减轻对断奶羔羊的应激，羔羊最好留在原圈，将母羊移到其他圈饲养，不再合群，经过 4～5 天即可断奶。总之，加强对羔羊的饲养管理是提高经济效益的一项重要措施。因此，根据哺乳羔羊的生理特点，要合理饲养，认真管理，提前适当补草料，适时断乳。

参 考 文 献

柴建民, 王海超, 刁其玉, 等. 2015. 断奶时间对羔羊生长性能和器官发育及血清学指标的影响.

中国农业科学, 48(24): 4979-4988.

刁其玉, 张蓉. 2017. 我国幼龄反刍动物生长与消化生理发育特点. 中国畜牧杂志, 53(7): 4-8.

郭天龙, 金海, 薛淑媛, 等. 2012. 放牧羔羊补饲育肥技术及经济效益评价. 中国草食动物科学, (z1): 337-339.

李长青, 金海, 薛树媛, 等. 2016. 中国北方牧区放牧母羊冬春季补饲策略. 黑龙江畜牧兽医, (12): 89-90.

李康, 郭天龙, 金海, 等. 2017. 能量水平对妊娠后期绒山羊养分消化率及羔羊的影响. 饲料工业, 38(13): 35-38.

李康, 郭天龙, 金海, 等. 2018. 妊娠后期代谢能水平对绒山羊血浆生殖激素浓度、初乳产量及乳成分的影响. 动物营养学报, 30(6): 2431-2438.

李士栋. 2013. 妊娠后期营养限制对蒙古绵羊生产性能及胎儿发育的影响. 内蒙古农业大学硕士学位论文.

孙锐锋, 王志武, 毛杨毅, 等. 2013. 营养水平对特×寒杂种母羊繁殖性能和发情效果的影响. 中国草食动物科学, 33(3): 78-79.

田丰, 金海, 薛树媛, 等. 2015. 不同饲喂水平对杜蒙杂交一代羔羊生产性能和消化道发育的影响. 畜牧与饲料科学, 36(12): 24-26.

王洪荣, 冯宗慈, 卢德勋, 等. 1997. 天然牧草营养价值的季节性动态变化对放牧绵羊采食量和生产性能的影响. 内蒙古畜牧科学, (S1): 143-150.

张帆, 崔凯, 王杰, 等. 2017. 妊娠后期母羊饲粮营养水平对产后羔羊生长性能、器官发育和血清抗氧化指标的影响. 动物营养学报, (2): 636-644.

张帆, 刁其玉. 2017. 能量对妊娠后期母羊健康及其羔羊的影响. 中国畜牧兽医, (5): 1369-1374.

张帆. 2017. 妊娠后期母羊精料饲喂水平对母羊和产后羔羊发育的影响. 中国农业科学院硕士学位论文.

张进涛, 段春辉, 孙江涛, 等. 2014. 妊娠母羊补饲矿物质和维生素对繁殖性能和羔羊生长发育的影响. 中国草食动物科学, (s1): 286-289.

张乃锋, 柴建民, 王世琴, 等. 2017. 早期补饲代乳粉对断奶后羔羊生长性能及体尺指标的影响. 现代畜牧兽医, (10): 1-6.

第四章 羔羊的早期断奶

羔羊肉的生产是国外羊肉生产的主体，也是我国今后羊肉生产的发展方向。推行羔羊早期断奶，对提高养羊业的经济效益和羔羊肉的合理化生产具有重要的意义。

羔羊早期断奶后，饲喂代乳粉或者精料可以刺激羔羊的瘤胃发育、微生物区系的建立和消化组织器官的快速发育，逐步加强瘤胃微生物对代乳粉或精料的消化能力，提高育肥羔羊后期的饲料利用率。应用羔羊早期断奶与高效育肥技术，可使育肥周期由传统的8～10个月缩短至5～6个月，大大缩短了育肥羔羊的饲养周期，降低了育肥羔羊的养殖成本（柴建民等，2014）。

同时，羔羊早期断奶技术的应用有利于母羊产后，特别是停止哺乳后的体况恢复，使母羊尽快投入到下一个繁殖周期中，提高母羊的繁殖力和利用效率，使繁殖母羊达到两年三产，甚至一年两产的繁殖目标。

推广和应用羔羊早期断奶技术，实现密集产羔，可以实现全年均衡出栏羔羊，缩短羔羊的生长周期，有利于放牧草场的牧草恢复，保护生态平衡。

第一节 羔羊的早期断奶技术

肉羊的工厂化、集约化生产客观上要求母羊快速繁殖，在多胎的基础上达到一年两产或两年三产，这就要求羔羊必须施行早期断奶并快速生长和肥育，这一点已得到世界各国的广泛重视。

对于羔羊的现代化、集约化生产，要求全进全出，即羔羊进入育肥圈时的体重相似，若差异过大不便管理，影响育肥效果。因此，除采取同期发情、诱导产羔外，早期断奶也成为高效育肥的一项重要技术措施。

一、常规随母哺乳的弊端

当前，我国各地养羊业多采用常规养羊法，即母乳喂养、2～4月龄断奶（图4-1）。该体制主要存在以下缺点。

（1）羔羊和母羊同圈饲养，由于母羊产羔后要哺乳仔羊，因此其体力无法得到及时恢复，会延长配种周期，降低其繁殖利用率。

（2）母羊产羔后，2～4周达泌乳高峰，3周内泌乳量相当于全期总泌乳量的75%，此后泌乳量明显下降，因此30日龄后母羊分泌的母乳已不能满足羔羊快速

图 4-1 随母哺乳的羔羊（彩图请扫封底二维码）

生长发育的营养需要，虽然此时已开始补饲，但由于羔羊采食饲料数量少、消化能力弱，补料所含营养物质占采食总量的份额较小，因此羔羊的发育受到影响，增重受到限制。

（3）常规饲养模式下，羔羊哺乳期长，工人劳动强度大，而且培养成本高。

（4）采用常规法断奶，羔羊瘤胃和消化道发育迟缓，断奶过渡期长，影响了断奶后的育肥。

（5）常规法断奶难以正确掌握各种营养的摄取量，难以运用最新的营养学知识来配制适合羔羊的高水平开食料，因而使新的研究成果向实践转化受到影响。

（6）常规断奶难以适应当前规模化、集约化经营的发展趋势，达不到全进全出的生产要求。

总之，常规断奶方式难以适应现代化、集约化、工厂化的管理；难以管理和控制断奶羔羊，不宜于对羔羊的营养调控；难以保证整个羔羊群体采食到适合自身生长水平的开食料，同时，又打乱了羔羊瘤胃及消化道各部位消化代谢的动态平衡。而实施早期断奶则可克服这些缺点，运用现代科学的饲养知识来调配饲料，使羔羊的生长发育达到最佳状态。

二、羔羊早期断奶的概念

关于断奶的概念，主要存在两个方面的理解：一种观点认为断奶是羔羊离开母乳（包括母羊哺乳和人工哺乳）或代乳粉开始靠固体饲料获取营养的过程，称之为广义断奶；另一种观点则认为断奶是断掉母乳供给代乳粉，称之为狭义断奶。

关于早期断奶，普遍接受的观点是在传统断奶方式的基础上缩短哺乳期时间。

早期断奶是相对于传统断奶模式（2～4 月龄断奶）提出的（孙凤莉，2003），在第 2～4 周龄可以逐渐用代乳粉+开食料进行早期断奶。早期断奶是通过控制哺乳期来缩短母羊产羔间隔期，使母羊达到一年两胎或两年三胎、多胎多产的一项重要技术（王桂秋等，2007）。但是关于羔羊早期断奶依据的选择有不同的方式，早期断奶是一个相对概念，可以在羔羊 21 日龄后任何时间断奶。羔羊早期断奶技术，最主要的是确定合适的断奶时间和营养水平适宜的代乳粉+开食料，并根据实际情况配套科学合理的饲料管理条件。刁其玉等 （2002）证明用中国农业科学院研制的羔羊专用代乳粉可在波尔山羊 10 日龄进行早期断奶。柴建民等（2015）报道羔羊 20 日龄断奶应激小，有利于瘤胃等器官发育。

通过总结前人的观点，笔者认为羔羊早期断奶是通过给羔羊饲喂代乳粉+开食料替代母乳进行断奶，缩短哺乳期至 30 天以内，从而控制母羊繁殖周期、促进羔羊快速生长和提前发育的一项重要技术。

三、羔羊早期断奶的理论依据

羔羊断奶前后面临营养物质来源和自身生理功能的巨大变化：一方面，营养物质来源由母乳变为外源饲料，母乳无疑是羔羊出生后至断奶期间重要的营养物质，而母羊泌乳规律的变化使得哺乳后期母乳已经不能满足羔羊营养需求（岳喜新等，2011），母羊泌乳性能的强弱直接影响羔羊的生长发育状况；另一方面，羔羊自身生理功能发生快速变化，从非瘤胃消化阶段进入瘤胃消化阶段，血液中淋巴细胞转化能力下降、白蛋白和球蛋白占总蛋白比例下降（方光新等，2010）。因此，如何选择最佳的早期断奶时机，需要考虑母羊泌乳规律和羔羊生长规律。

1. 母羊哺乳期的泌乳规律

母羊产后 1 周内分泌初乳，2～3 周泌乳量达到高峰，在高峰保持 2～3 周，3 周内的泌乳量相当于泌乳周期母乳总量的 75%。此后母羊泌乳量明显下降，9～12 周的泌乳量只能满足羔羊营养需要的 5%～10%（吕亚军，2008）。总的来说，母羊分娩后泌乳量快速上升、到达泌乳高峰后缓慢下降。根据泌乳规律，可以看出母羊产后 30 天达到泌乳高峰，这段时间内较高的泌乳性能使母乳可以满足羔羊营养需要。若对羔羊早期断奶，则需要在母羊泌乳不能满足羔羊营养需要之前进行，即在羔羊 30 日龄前饲喂代乳粉。

2. 羔羊的生长发育规律

羔羊出生后，由靠母体血液提供营养过渡到靠母乳而生存，体质较弱，对外界的抵抗力较低，机体本身消化系统及免疫器官尚未健全，同时生长速度很快，需要营养丰富且易消化的营养物质。随着日龄的增长，各组织器官逐渐发育，特别是消化系统的发育和完善，使羔羊能够完全靠采食固体饲料满足自身营养需求，进入断奶后育肥阶段。

消化道发育规律如下：初生至 3 周龄为无反刍阶段，3～8 周龄为过渡阶段，8 周龄后为反刍阶段。3 周龄以内的羔羊主要以母乳为营养来源，母乳经过闭合的食管沟直接进入皱胃被消化吸收，这一阶段与单胃动物相似（孙凤莉，2003）。3 周龄后才能慢慢地采食植物性饲料，与此同时，开始获得瘤胃微生物区系，内壁的乳头状突起逐渐发育，开始具有反刍动物的消化功能，营养来源由母乳与植物性饲料共同提供逐渐变成由植物性饲料完全提供。随着日龄的增长，消化道各部位快速生长发育，出生第 1 周，皱胃生长最快，而瘤网胃均较小，2～8 周龄，羔羊的前胃（尤其是瘤胃）相对重量快速增长，皱胃的相对重量反而随日龄增长有所下降，瓣胃发育缓慢，达到相对成年大小所需的时间比网胃和瘤胃长；肠道的相对重量随日龄增长而增大，但不及胃的增速，大肠相对重量的增速略大于小肠（郭江鹏等，2008）。羔羊出生时消化道结构及酶系适于消化母乳中营养物质，胃蛋白酶和凝乳酶活性较高，2～6 周龄，淀粉酶和蛋白酶的活性开始明显升高，在 4 周龄时纤维素酶的活性明显升高，7 周龄时，麦芽糖酶的活性逐渐显示出来，8 周龄时胰脂肪酶的活性达到最高（王小龙，2008）。

3. 羔羊早期断奶的可行性

从母羊哺乳期泌乳规律和羔羊生长发育规律来看，在羔羊 30 日龄后母乳渐渐不能满足其营养需要，而羔羊 3 周龄时开始向反刍阶段过渡，此时瘤胃发育迅速，消化道内纤维素酶、蛋白酶和淀粉酶等酶活性开始明显升高，能采食一定的固体饲料，羔羊 8 周龄后为反刍阶段，能采食和利用大量植物性饲料，消化道发育基本成熟。因此，配制营养水平合适的代乳粉+开食料对羔羊进行早期断母乳可以在30 日龄内，断掉代乳粉则在 8 周龄内。

四、羔羊早期断奶的技术要点

羔羊早期断奶技术是国际上 20 世纪 60 年代后期的一项重大改革。推行早期断奶，能显著改善母羊的营养状况，既有益于羔羊的发育，又可提高母羊的繁殖力。

1. 断奶时间的选择

早期断奶，实质上是控制哺乳期，缩短母羊产羔期间隔和控制繁殖周期，达到一年两胎或两年三胎、多胎多产的一项重要技术措施。羔羊早期断奶是工厂化生产的重要环节，是大幅度提高产品率的基本措施，从而被认为是养羊生产环节的一大革新。

早期断奶必须让羔羊吃到初乳后再断奶，否则会影响羔羊的健康和生长发育。但哺乳时间过长，训练羔羊吃代乳粉就困难，而且不利于母羊干奶，也易得乳房炎。从母羊产后泌乳规律来看，产后 3 周泌乳达到高峰，然后逐渐下降，到羔羊出生后 7～8 周龄，母乳已远远不能满足其营养需要。而且这时乳汁形成的饲料消耗也大幅度增加，经济上很不合算。从胃肠功能发育来看，羔羊 7 周龄时，已经能够像成年羊一样有效地利用牧草。

早期断奶的时间选择有两种：第一，1～2 周龄断奶；第二，40 日龄后断奶，严格来说，40 日龄以后断奶已经不能称为早期断奶。早期断奶必须使初生羔羊吃足 1～2 天的初乳，否则不易成活。因为初乳中含有免疫抗体、抗毒素，而且营养丰富，具有任何饲料不可替代的作用。

1～2 周龄断奶法 羔羊出生 1～2 周后断奶，用代乳粉进行人工育羔。具体方法是将代乳粉加水 4 倍稀释，日喂 4 次，为期 3 周，或至羔羊活重达 5kg 时断奶；断奶后再喂给含蛋白质 18%的颗粒饲料，干草或青草食量不限。代乳粉应根据羊奶的成分进行配制。目前通用的出生后一周代乳粉营养水平为：脂肪 30%～32%，乳蛋白 22%～24%，乳糖 22%～25%，纤维素 1%，矿物质 5%～10%，维生素和抗生素 5%。羔羊 1～2 周龄断奶法除用代乳粉进行人工育羔外，必须有良好的舍饲条件，要求条件高，否则羔羊死亡率会比较高。

40 日龄断奶法 羔羊出生 40 天后断奶，可完全饲喂草料和放牧。此法是我国值得借鉴的，原因有两点：一是从母羊泌乳规律看，产后 3 周达到泌乳高峰，而至 9～12 周后急剧下降，此时泌乳仅能满足羔羊营养需要的 5%～10%，并且此时母羊乳汁形成的饲料消耗大增；二是从羔羊的消化机能看，出生后 7 周龄的羔羊，已能和成年羊一样有效地利用草料。所以，澳大利亚、新西兰等国大多推行 6～10 周龄断奶法，并在人工草地上放牧。我国新疆畜牧科学院采用新法育肥 7.5 周龄断奶羔羊，平均日增重 280g，料重比为 3：1，取得了较好效果。

之所以提出羔羊出生 40 天后断奶，是因为羔羊胃容量与其活重之间有显著相关，因此确定断奶时间时，还要考虑羔羊体重。体重过小的羔羊断奶后，生长发育明显受阻。英国、法国等国家多采用羔羊活重增至初生重的 2.5 倍或羔羊体重达到 11～12kg 时断奶。针对我国养殖的肉羊品种，公羔体重达 15kg 以上、母羔达 12kg 以上、山羊羔体重达 9kg 以上时断奶比较适宜。

2. 依据开食料采食量停喂液体饲料

随着动物营养生理研究的不断深入，以及养殖方式和饲料工业的快速发展，用代乳粉给羔羊进行早期断奶逐渐成为首要选择，即羔羊吃足初乳后断奶，羔羊与母羊隔离，利用代乳粉饲喂羔羊一段时间，待羔羊发育到一定程度后转为饲喂固体饲料。

　　断母乳时间、代乳粉和开食料营养水平、断代乳粉时间三个因素是早期断奶技术的重要组成部分。断代乳粉时间不仅关系到羔羊的生长发育，也影响着饲养成本。断代乳粉过早，则羔羊不能很好地适应固体饲料导致消化道受到损伤，对羔羊后期的生长发育也产生较大影响；断代乳粉过晚，则会增加饲粮和劳动力成本。断代乳粉与断母乳有一定的相似性，均是指羔羊能完全独立依靠固体饲料获取营养物质。但两者之间又有一定的区别，饲喂代乳粉的羔羊消化道发育比同日龄随母哺乳羔羊更加完善，而消化道发育与完全采食固体饲料有很强的相关性。

　　依据开食料采食水平断代乳粉，能充分考虑羔羊胃肠发育情况，断奶期能平稳过渡，最大限度地减小断奶应激，为羔羊后期的生长发育奠定坚实的基础，是最合适的断代乳粉方式（柴建民等，2018）。充足的、可被瘤胃发酵的固体饲料（主要是足够的可降解淀粉）进入消化道，可发酵产生丙酸和丁酸等挥发酸，促进羔羊瘤胃由过渡阶段进入反刍阶段，保证瘤胃上皮发育和肝脏代谢。

　　柴建民等（2018）以开食料干物质采食水平为试验因子，研究了断代乳粉后湖羊羔羊生长性能、内脏器官和消化道发育的影响，发现当羔羊开食料干物质采食量连续 3 天达到 200g 就可以断掉代乳粉。当开食料采食量达到 300g 和 400g 时断代乳粉，羔羊生长性能、屠宰性能和胃肠道发育较好。综合考虑，湖羊羔羊于开食料采食量达到 300g 时断代乳粉效果最佳。

　　胃肠道是动物对营养物质消化吸收的场所，反刍动物幼龄时复胃发育的程度影响到成年后的采食量和消化能力，其中瘤胃的发育尤为重要。瘤胃发育是羔羊断奶后适应固体饲料的关键，决定着将来的生产性能。因此，我们重点了解一下不同开食料采食水平断代乳粉对羔羊瘤胃发育的影响。开食料采食量达到 200g/d、300g/d 和 400g/d 时断代乳粉，羔羊胃室重量显著高于 500g/d 组，且 300g/d 组显著高于其余组（图 4-2），说明断液体饲粮早能促进胃室特别是瘤胃的发育，尤其

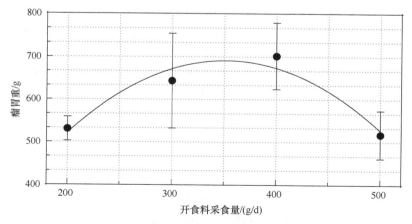

图 4-2　开食料采食量对羔羊瘤胃发育的影响

是在适合的采食量断代乳粉能最大限度地促进瘤胃发育，保证羔羊瘤胃平稳地发育成为功能性器官（柴建民等，2018）。

3. 早期断奶的操作要点

为了促进羔羊瘤网胃的尽快发育成熟，增加对纤维物质的采食量，提高羔羊增重和节约饲料，对羔羊进行早期断奶是一项必要的技术措施。其技术要点如下。

（1）饲喂开食料：开食料为易消化、柔软且有香味的湿料。

（2）要逐渐进行断奶。

（3）断奶后应选择优质的青干草进行饲喂。

（4）羊舍要保持清洁、干燥，预防羔羊下痢的发生。

第二节　代乳粉在羔羊早期断奶中的使用

对于新生羔羊来说，母羊乳是最理想的食物。初乳和常乳既能满足新生羔羊的营养需要，使羔羊及早完善本身的免疫系统，同时又能在味觉和体液类型方面与羔羊相吻合。但是在生产实践中，母羊乳会因母羊的健康和疾病受到影响，更重要的是母羊产奶量不足会影响羔羊的生长和发育。为此，营养学家们开展了一系列的研究，研制出能够代替母羊乳的产品（屠焰等，2012）。羔羊代乳粉对于优良种羊的快速繁殖和优良后备种羊的培育，以及母羊一产多胎和体弱母羊增加羔羊的成活率都有重大的意义。

一、羔羊专用代乳粉

20世纪60年代，欧美一些国家开始使用代乳粉，由于当时脱脂乳蛋白过剩，价格较低，因而在代乳粉中几乎全部使用脱脂乳蛋白作为蛋白源。到80年代，由于脱脂乳蛋白供不应求，价格持续上涨，使代乳粉的蛋白来源发生了变化，相对于脱脂乳蛋白，比较廉价的酪蛋白和乳清蛋白成了代乳粉的主要蛋白源。80年代后期，由于酪蛋白产量减少，价格持续上涨，研究者们又开始寻找新的廉价蛋白源。随着研究的不断深入，大豆浓缩蛋白、大豆分离蛋白和改性大豆蛋白成为代乳粉的主要蛋白源，这些大豆蛋白可以代替全奶饲喂羔羊，并获得与全奶一样的饲喂效果。

代乳粉要代替母乳并达到较好的生产性能，就必须在营养成分和免疫组分上接近母乳，在味觉上使羔羊可以接受，有助于减少羔羊的腹泻、增加羔羊对疾病的抵抗力和免疫力，同时还能增加羔羊的生存能力和提高日增重。Jandal（1996）研究报道，山羊奶、绵羊奶、牛奶的主要成分比较见表4-1。

表 4-1 山羊奶、绵羊奶、牛奶的主要成分比较

成分	山羊奶	绵羊奶	牛奶
脂肪/%	3.80	7.62	3.67
乳糖/%	4.08	3.70	4.78
蛋白质/%	2.90	6.21	3.23
酪蛋白/%	2.47	5.16	2.63
钙/%	0.194	0.160	0.184
磷/%	0.270	0.145	0.235
维生素 A/（IU/kg 脂肪）	39.00	25.00	21.00
维生素 B_1/（mg/100ml）	68.00	7.00	45.00
维生素 B_{12}/（mg/100ml）	210.00	36.00	159
维生素 C/（mg/100ml）	20.00	43.00	2.00

可以看出绵羊奶的蛋白质、脂肪、酪蛋白等含量高于山羊奶和牛奶；山羊奶的维生素 A 含量高于绵羊奶和牛奶；三种奶的钙、磷含量比较接近。从营养成分组成上分析牛奶和羊奶各有特点。已有报道，用牛奶饲喂早期断奶的羔羊，其生产性能不理想（Emsen et al.，2004），因为羔羊进食同样数量的牛奶不能满足其对营养物质和其他未知因子的需求，这在客观上就要求用于山羊羔羊、绵羊羔羊和犊牛的代乳粉不能相同。国外企业通常会有针对性地生产出不同的专用代乳粉供不同的幼畜使用，以达到最佳的生产性能。

1. 代乳粉中的能量

代乳粉首先要求供给幼畜足够的能量。代乳粉能量的来源主要是碳水化合物和脂肪。最好的碳水化合物来源是乳糖，岳喜新等（2011）用羔羊精准代乳粉饲喂早期断奶羔羊，饲喂量分别为羔羊体重的 1.0%、1.5% 和 2.0%（以干物质计），从出生到 90 日龄，平均日增重分别为 174g、204g 和 237g。

增加代乳粉中脂肪含量的目的在于提高能量水平，好的代乳粉脂肪含量应为10%～20%，脂肪含量高有利于减少幼畜的腹泻，并为幼畜的快速生长提供额外的能量。在冬天，脂肪对维持幼畜体温非常重要。建议冬天代乳粉脂肪含量可以达到 20% 以满足其需要；在夏天，10% 的脂肪含量就可以了，最好的脂肪来源也是动物性脂肪。代乳粉干物质中脂肪水平在 25% 以上，加水稀释后，代乳粉液体中干物质含量 16.6%，粗蛋白 3.9%，粗脂肪 3.8%，灰分 12.5%，钙 1.7%，磷 1.2%。代乳粉最好的碳水化合物来源是乳糖，代乳粉中不能含有太多的淀粉（如小麦粉和燕麦粉），也不能含有太多的蔗糖（甜菜）。由于幼畜没有足够的消化酶去分解和消化它们，所以太多的淀粉和蔗糖会导致腹泻和失重，淀粉含量过高是

造成 3 周龄以内幼畜营养性腹泻的主要原因。

2. 代乳粉中的蛋白质

最初代乳粉的蛋白质来源主要是奶制品，如乳清蛋白浓缩物、乳清蛋白等。代乳粉中蛋白质是其成本的主要部分，并且蛋白质成本一直在增加。因此研究者和商家开始研究并寻找一些替代蛋白，这些替代蛋白主要有大豆蛋白精提物、大豆分离蛋白、动物血浆蛋白或全血蛋白等。如果代乳粉的蛋白质来源是奶或奶制品，那么要求蛋白质含量要在 20% 以上；如果含有植物性的蛋白质来源（如经过特殊处理的大豆蛋白粉），就要求蛋白质含量要高于 22%。这是因为，一方面植物蛋白质氨基酸平衡不如奶源蛋白质，另一方面，幼畜由于消化系统发育不完全，不能产生足够的蛋白质消化酶来消化这些植物蛋白质。

研究表明，幼畜对于蛋白质的需要取决于能量的采食量。代乳粉中的能量与蛋白质比率应高于自然的母乳，只有这样才能有利于蛋白质的吸收。蛋白质可以占到日粮干物质的 28%。蛋白质营养价值依赖于蛋白质中必需氨基酸的消化和吸收速率。通常大豆蛋白中蛋氨酸被认为是幼畜第一限制性氨基酸，此外，赖氨酸、苏氨酸的含量和消化率也比较低。以大豆蛋白为主要蛋白源的代乳粉其必需氨基酸含量比含有脱脂乳蛋白的代乳粉低 17%～32%。这就要求额外补充氨基酸以满足幼畜生长发育的需要。

二、羔羊代乳粉的配制

随着饲料原料加工工艺和合成工艺的研究发展，代乳粉的配制发生了实质性的变化。传统的代乳粉主要采用一种或几种原料进行简单的混合，并且原料多为奶制品，如脱脂奶、乳蛋白浓缩物、脱乳糖和乳清粉等，这种代乳粉价格高昂而又不能保证效果。随着奶制品价格的上涨和加工工艺的发展，现代代乳粉则是根据羔羊的营养需要和原料的特性而配制的适合羔羊快速生长发育的配方代乳粉。配方代乳粉中的蛋白质一般分为全乳蛋白代乳粉和含替代蛋白的代乳粉。全乳蛋白代乳粉的蛋白源多采用含有乳清蛋白浓缩物、干乳清及无乳糖乳清粉等。含替代蛋白的代乳粉是指部分乳蛋白被其他低成本的成分所替代（典型值为替代50%）；这些替代物包括大豆粉、大豆蛋白浓缩物、大豆蛋白分离物、变性小麦面筋等。代乳粉中常使用的各种蛋白质来源的营养含量见表 4-2。

代乳粉原料的选择是一个关键问题，养殖户使用代乳粉的最终目的在于节省成本，代乳粉成本过高将难以被养殖户接受。为降低代乳粉的生产成本，多以大豆制品代替奶源蛋白质。大豆制品主要有大豆粉、大豆蛋白浓缩物和大豆蛋白分离物。大豆粉成本最低，但含有纤维素及不溶性碳水化合物；大豆蛋白分离物

表 4-2　代乳粉中常使用的各种蛋白质来源的营养含量　（干物质基础，%）

成分	干物质	蛋白质	赖氨酸	蛋氨酸	半胱氨酸
乳清蛋白浓缩物	98	34.69	3.15	0.67	0.86
脱脂奶粉	98	34.69	2.86	0.92	0.52
大豆蛋白分离物	94	91.49	5.55	1.02	1.29
大豆蛋白浓缩物	95	70.53	4.46	0.93	1.04
大豆粉	95	55.79	3.43	0.70	0.79

中的蛋白质含量高达 85%～90%，但成本较高；将大豆粉中的可溶性碳水化合物除去后制成的大豆蛋白精，蛋白质含量和价格适中。以大豆蛋白为蛋白源制成的代乳粉，其不利因素是代乳粉中含有胰蛋白酶抑制因子和过敏原，这两种因素均可影响动物对营养物质的消化率和动物生产性能。胰蛋白酶抑制因子使得大豆蛋白不能在羔羊真胃中凝集，胰蛋白酶分泌减少，产生肠道过敏，降低氨基酸的消化率。将大豆进行湿热处理可以破坏它们的抑制作用。大豆球蛋白和 β-结合球蛋白是大豆中蛋白质的主要存在方式，它们对羔羊也有致敏作用。大豆蛋白质中的抗原活性可以通过变性作用得到消除。用大豆蛋白精和脱脂奶粉为蛋白源的两种代乳粉进行对比试验，27 周的试验结果表明，平均日增重、代乳粉的摄取量及代乳粉转化率等指标均没有差别，血红蛋白的含量也相同，胴体重、屠宰率、胴体肉型和胴体脂肪等也未见差异（任慧波等，2004）。

　　脂肪的添加方式可直接影响代乳粉的使用效果，目前较为理想的方法有两种：一是将脂肪和其他代乳粉原料成分进行均质处理，将脂肪强化加入代乳粉；二是将脂肪进行真空扩散或喷雾干燥加入代乳粉。矿物质的添加主要采用有机矿物质和微量元素螯合盐等，以提供给羔羊生长发育足够的常量元素和微量元素。羔羊出生后，体内消化酶系统发育不够完善，根据羔羊消化酶的分泌，利用人工合成的酶制剂，强化营养物质的消化和吸收是现代代乳粉与传统代乳粉的区别之一。传统代乳粉往往通过添加抗生素控制羔羊的腹泻，而目前采用的方法是，在代乳粉中提供益生元和益生素，通过调整羔羊消化道中的微生态平衡，促进消化；同时通过刺激羔羊本身的免疫系统，增强羔羊对疾病的抵抗能力。

三、羔羊代乳粉的使用方法

　　用法：将代乳粉用烧开后凉至 40～60℃的温水冲泡，混匀，用奶瓶或奶盆喂给羔羊。一份代乳粉兑 5～7 份水（图 4-3）。

　　用量：15 日龄以内，每日喂代乳粉 3～4 次，每次 10～20g；15 日龄后每日 3 次，每次 40～50g 代乳粉。实际中可根据羔羊的具体情况调整代乳粉的饲喂量（图 4-4）。

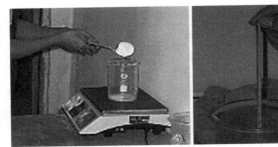

图 4-3　代乳粉的使用方法（彩图请扫封底二维码）

具体步骤为：称量（A），冲调、测温（B），准备饲喂（C）

图 4-4　用奶瓶饲喂羔羊代乳粉（彩图请扫封底二维码）

　　羔羊专用代乳粉饲喂羔羊，其具体做法如下：将羔羊专用代乳粉用温开水按照 1∶5～1∶7 的比例冲泡，然后饲喂羔羊。羔羊数量较少时，可使用奶瓶饲喂，在饲喂时，用双腿夹住羔羊，一手托住羔羊头部，一手持奶瓶进行饲喂。刚开始时，羔羊需要对奶头进行适应，可用手指蘸少量代乳粉液体，放入羔羊口中，让其吮吸，对于个别羔羊，可将手指放入羔羊口中压住羔羊舌头灌服。代乳粉液体的饲喂量可按照羔羊的生长发育情况进行调整，每次饲喂量不得超过 500ml，每日饲喂量不得超过 2000ml，以免引起消化不良，羔羊 14 日龄时开始可补饲优质干草及颗粒饲料，满 40 日龄时应按比例减少代乳粉饲喂次数和数量，直至断奶。

四、羔羊代乳粉的使用注意事项

　　在使用代乳粉饲喂羔羊时，要注意饲养人员需进行手部消毒；喂奶时不得将羔羊头部抬得过高，以免呛到羔羊；同时双腿夹住羔羊时不得用力过猛，以免夹伤羔羊。

要严格注意代乳粉温度，奶温严格控制在38℃，否则容易烫伤羔羊或造成羔羊拉稀。

要严格注意奶具消毒，可用高锰酸钾对奶嘴消毒，做到一羔一嘴，喂奶结束后应使用碱水对奶瓶、奶嘴进行刷洗，并使用消毒液进行浸泡，夏季饲喂时还要注意及时灭蝇。

五、羔羊代乳粉的应用效果

目前国外对于羔羊代乳粉的研究与应用已经比较广泛，并且已经有多家专业的代乳粉生产厂家。国内羔羊专用代乳粉的研究与应用刚刚起步，中国农业科学院饲料研究所经多年研究与实践研制出羔羊专用代乳粉，代乳粉选用经浓缩处理的优质植物蛋白质粉和动物蛋白质，经雾化、乳化等现代加工工艺制成，含有羔羊生长发育所需要的蛋白质、脂肪、乳糖、钙、磷、必需氨基酸、脂溶性维生素、水溶性维生素、多种微量元素等营养物质和活性成分及免疫因子。可以在羔羊吃完初乳后，将其按照1∶5～1∶7的比例用温开水冲泡，代替母羊奶喂养羔羊，在生产中已经见到很大的效益。

中国农业科学院饲料研究所研制的代乳粉的饲喂试验表明，胚胎移植的60只波尔山羊羔羊分为两组，试验组出生10～15天后用料槽饲喂代乳粉（图4-5），对照组羔羊吃母羊奶，后期外加鲜牛奶，90天后，两组羔羊的体重无差异（图4-6），吃代乳粉羔羊组发病率和死亡率均明显低于对照组，用羔羊代乳粉解决了波尔山羊因胚胎移植、母羊缺奶的后顾之忧（刁其玉等，2003）。

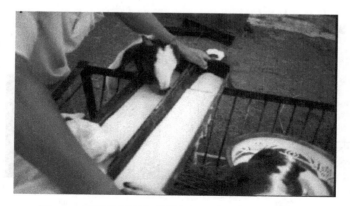

图4-5 用料槽饲喂代乳粉（彩图请扫封底二维码）

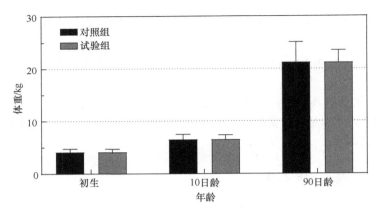

图 4-6　代乳粉羔羊与对照组羔羊体增重

　　某养殖场使用中国农业科学院饲料研究所研制的羔羊代乳粉饲喂羔羊，效果显著。羔羊自出生第 6 日起开始训练饮食代乳粉，过渡 6 天，自 12 日龄起试验组羔羊饲喂代乳粉，羔羊 60 日龄断奶，结果表明：饲喂代乳粉羔羊断奶平均体重达到 10.22kg，显著高于饲喂母乳羔羊（6.46kg）。羔羊日增重达到 170g/d，较饲喂母乳羔羊高 62.67g，羔羊增重速度提高了 58.25%（图 4-7）。羔羊生长状况良好（图 4-8；刁其玉等，2002）。

　　总之，现代配方代乳粉是根据羔羊营养需要，选用易消化、适口性好的优质原料，采用全新加工工艺精制而成，含有羔羊生长发育所需的蛋白质、脂肪、维生素、微量元素及各种免疫因子，使用方便，易于储存。因此改变传统的培育羔羊方式，施行早期断奶，饲喂专用代乳粉，不仅会促进羔羊的生长发育，而且可以

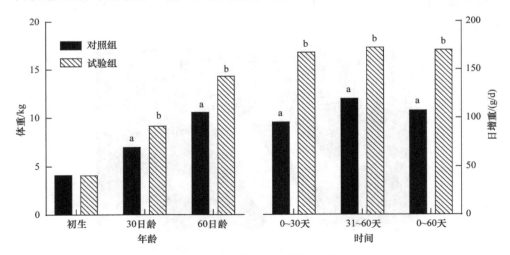

图 4-7　羔羊体重和日增重变化

不同字母表示差异显著，$P<0.05$

图 4-8　早期断奶羔羊生长状况良好（彩图请扫封底二维码）

使羔羊较早地采食植物性饲料，锻炼及增强羔羊瘤胃等的消化机能和耐粗性，增强羔羊的免疫力和抗病能力。另外，使用代乳粉还可以有效解决母羊多胎多产、羊奶不足的问题，同时缩短母羊的繁殖间隔，使母羊达到一年两产或两年三产的状态（张乃锋等，2004）。

第三节　早期断奶羔羊的饲养管理

一、羔羊的人工哺乳技术

早期断奶羔羊的培育是指羔羊断母乳后的饲养管理。目的是提高羔羊的成活率，培育出体型良好的羔羊。

人工哺乳，又称人工育羔，是为了适应羔羊早期断奶而形成的一项技术，目前在生产中已经得以应用。最初是在母羊产后死亡、无奶或多羔等情况下使用此技术，效果甚佳；后又发展为专门为羔羊早期断奶、快速育肥而使用的一项技术。传统的人工育羔所用的饲喂羔羊的食物有鲜牛奶、羊奶、奶粉、豆浆等，现在已经有了羔羊专用代乳粉，使用羔羊专用代乳粉饲喂早期断奶的羔羊效果非常好。进行人工育羔时，关键是要做好定人、定时、定温、定量和讲究卫生，这样才能把羔羊喂活、喂强壮。不论哪个环节出错，都可能导致羔羊生病，特别是胃肠道疾病。即使不发病，羔羊的生长发育也会受到不同程度的影响。

用奶粉饲喂羔羊应该先用少量的温开水把奶粉溶开，然后再加热水，使总加水量达到奶粉量的5～7倍。羔羊越小，胃也越小，奶粉兑水的量应该越少。其他流动食品是指豆浆、小米汤、自制粮食，或市售婴儿奶粉，这些食物在饲喂以前应加少量的食盐及矿物质饲料，有条件的加些鱼肝油、胡萝卜汁和蛋黄等。

人工哺乳中的"定人",就是从始至终固定专人喂养。这样可以熟悉羔羊的生活习性,掌握吃饱程度、喂奶温度、饲喂量、食欲变化、健康与否等。

"定温"是指羔羊所食的人工乳要掌握好温度。一般冬季饲喂 1 月龄以内的羔羊,应将奶的温度控制在 37～41℃,夏季温度可以略低一些。随着羔羊日龄的增长,喂奶的温度可以降低一些。没有温度计时,可以把奶瓶贴在脸上或眼皮上,感觉不烫也不凉时就可以饲喂羔羊了。奶的温度过高,不仅伤害羔羊,而且容易使羔羊发生便秘;温度过低,容易发生消化不良、拉稀、胀气等。

"定量"是指每次饲喂量掌握在"七成饱"的程度,切忌饲喂过量。具体给量是按羔羊体重或体高大小来定,一般全天饲喂量相当于出生重的 1/5 为宜。羔羊健康、食欲良好时,每隔 7～8 天比前期饲喂量增加 1/4～1/3;如果消化不良,应减少饲喂量,加大饮水量,并采取一些治疗措施。

"定时"是指羔羊的喂养时间固定,尽可能不作变动。初生羔羊每天应饲喂 6 次,每隔 3～5h 饲喂一次,夜间睡眠可延长饲喂间隔或减少饲喂次数。10 天以后每天饲喂 4～5 次,到羔羊吃草或吃料时,可减少到 3～4 次。

卫生条件是人工育羔的重要环节(图 4-9)。初生羔羊,特别是瘦弱母羊所生羔羊体质较弱,生活力差,调节体温的能力尚低,对疾病的抵抗力弱,保持良好的卫生环境有利于羔羊的生长发育。羔羊周围的环境应该保持清洁、干燥、空气新鲜无贼风。羊舍最好垫一些干净的垫草,室温保持在 5～10℃,不要有较大的变化。刚刚出生的羔羊,如果体质较差,应安排在较温暖的羊舍,温度不能超过体温,等到能够自己吃奶、精神好转时,可以逐渐降低室温直至羊舍的常温。

图 4-9 干燥、卫生条件良好的羊舍运动场(彩图请扫封底二维码)

喂羔羊的人员,在喂奶之前应洗净双手。平时不要接触病羊,尽量减少或避免疫病传播。出现病羔时及时隔离,由单人分管。当缺乏护理人员,病羔、健康羔迫不得已由一人管理时，应先哺育健康羔羊，更换隔离服再哺育病羔，而且喂完病羔后要马上清洗、消毒手臂，脱下衣服单独放置，并用开水冲洗进行消毒。

羔羊的胃肠道功能还不健全，消化机能尚待完善，最容易"病从口入"，所以羔羊所食的代乳粉、奶类、豆浆、面粥，以及水源、草料等都应注意卫生。羔羊的奶瓶应保持清洁卫生，健康羔羊与病羔应分开，喂完奶后应用温水冲洗干净。如果有奶垢，可用温碱水或"洗涤灵"等冲洗，或用瓶刷刷净，然后用净布或塑料布盖好。病羔的奶瓶在喂完后要用高锰酸钾、来苏儿或新洁尔灭等消毒，再用温水冲洗干净。

人工哺乳过程中，羔羊代乳粉至关重要，市场上常见的代乳粉分为羔羊代乳粉和犊牛代乳粉，羔羊代乳粉的加工工艺、营养元素、免疫因子含量都优于犊牛代乳粉，在使用时应认准产品的种类。代乳粉的可溶解性、乳化性和适口性等因素都与饲喂效果有关。代乳粉的加工工艺和营养元素的配比很重要，若不具备一定的生产条件，所配制的代乳粉达不到效果，甚至会影响羔羊的生长和成活。

二、早期断奶羔羊的补饲技术

传统肉羊的养殖主要集中在经济相对不发达，主要使用天然草原、碎秸和休耕牧场的农村地区，实行的也多是家庭式饲养模式。在这种传统模式中，羔羊一般随母哺乳，3～4 月龄断奶。这种饲养模式能够减少劳动量并节约饲养成本，但同时也会导致母羊产后体况恢复慢，配种周期长，母羊利用率低，使用寿命短，同时不利于羔羊断奶后快速育肥，从而增加培育成本（孙凤莉，2003）。

随着我国养殖水平的发展，传统的饲养模式已经不能满足养殖需求。羔羊的早期断奶并补饲，一方面，可以缩短母羊的生产周期，提高生产效率；另一方面，早期补饲也可以使羔羊尽早适应植物性固体饲料，从而加快其消化道，尤其是瘤胃的发育，使羔羊消化器官和消化腺的功能进一步完善，为提高其生产性能打下良好基础（杨宇泽和赵有璋，2008）。可以通过合理的营养调控实现羔羊的规模化快速育肥。

1. 早期补饲对羔羊生长性能的影响

内蒙古自治区农牧业科学院金海团队的研究表明，对放牧羔羊实行早期补饲，辅以营养合理的开食料过渡，能够促进补饲期羔羊的生长，对整个时期的生长性能没有影响，因此对羔羊进行早期补饲是完全可行的（薛树媛等，2015）。

2. 早期补饲对羔羊瘤胃发育的影响

羔羊瘤胃的发育受多因素影响，如日龄、饲料形态、饲料组成、瘤胃食糜 pH

及瘤胃微生物等，这些因素相互作用，共同影响瘤胃的生长发育。瘤胃发育的影响因素中，饲料组成及其物理形态是外因，瘤胃食糜 pH 是内因，挥发性脂肪酸（VFA）的组成比例不同是直接原因，而瘤胃微生物变化是根本原因。羔羊出生后，即从母体和外界环境条件中接触各种微生物，随着幼畜的生长和消化道的发育，形成了特定的微生物区系。哺乳期羔羊的瘤胃、网胃功能还处于不完善状态，此时羔羊胃容积小、瘤胃微生物区系尚未建立，不能发挥瘤胃应有的功能，不能反刍，也不能对食物进行细菌分解和发酵青粗饲料，此时期复胃的功能基本与单胃动物的一样，只起到真胃的作用。但羔羊在哺乳期可塑性强，当羔羊采食了易被发酵分解的饲料时，刺激微生物活动增强，瘤胃内挥发性脂肪酸浓度增加。日粮组成对各种挥发性脂肪酸的比例有明显的影响，研究证实，当羔羊开始采食饲料和草料时，瘤胃、网胃的发育速度要比只吃奶时快（汪晓娟等，2016）。所以，早期补饲对促进瘤胃发育起着非常重要的作用。

3. 羔羊早期断奶补饲的方法研究

根据品种和个体不同，母羊在产羔后 2~4 周达泌乳高峰，3 周内泌乳量相当于全期总泌乳量的 3/4，此后泌乳量明显下降，2 月龄后母乳营养成分已不能满足羔羊快速生长发育所需营养，所以要对羔羊进行早期补饲。首先，对羔羊进行早期补饲，可刺激促进羔羊胃肠道的提早发育，提高羔羊断奶重和断奶后的增重速度，降低羔羊的培育成本，提高母羊利用率。其次，对羔羊进行早期补饲，可减少母羊喂乳的时间与次数，解决母羊缺奶现象，使母羊的泌乳高峰保持更长的时间。但是，羔羊在 3 周龄后一些关键消化酶才开始显示活性，瘤胃微生态才开始慢慢形成，才能逐渐消化植物性饲料，所以补饲也要选择合适的日龄进行。

目前对早期断奶羔羊的补饲建议采用"代乳粉+开食料"的模式。早期的研究表明采用"代乳粉+开食料"模式补饲的羔羊 2 月龄内体重和日增重接近或略低于随母哺乳羔羊（汪晓娟等，2016），其原因可能是断奶日龄过早或断奶后饲粮营养物质消化率降低。近年来，岳喜新等（2010）于 15 日龄饲喂羔羊代乳粉，与随母哺乳羔羊相比，饲喂代乳粉后可提高羔羊生长性能，促进其瘤胃和部分内脏器官的发育。该研究指出，适宜水平的代乳粉饲喂羔羊可提高其生长性能，改善饲料转化率，并建议羔羊在 20~50 天、50~70 天和 70~90 天时代乳粉的饲喂水平分别为体重的 2.0%、1.5% 和 1.0%。

除了"代乳粉+开食料"的补饲模式，单独开食料的补饲模式在生产中应用也较为广泛，即羔羊断奶乳后开始直接饲喂精饲料，但这种模式通常断奶时间较晚，一般在 30~60 日龄期间断奶。羔羊 2 月龄内精料型日粮饲喂断奶羔羊效果与代乳粉相当，但此时不宜饲喂粗饲料。

岳喜新等（2010）试验证明饲喂代乳粉早期断奶的羔羊开食料采食量较随母

哺乳羔羊高。综合羔羊体重、日增重和开食料干物质采食量考虑，羔羊于 10 日龄进行早期断奶，可能由于母乳中免疫因子摄入相对不足，从而导致体重和日增重降低，虽然采食开食料增加，但这个阶段羔羊主要是从代乳粉中获取营养；20 日龄断奶时瘤胃正好开始发育，早期断奶饲喂代乳粉中含有一定的植物蛋白，再加上 15 日龄开始补饲开食料，刺激了瘤胃发育。王桂秋等（2007）试验证明羔羊于 20～30 日龄日增重下降，表明该阶段母乳逐渐不能满足羔羊需要，羔羊主要营养物质获取来源从母乳开始向开食料转变，但此时羔羊还不能有效地利用开食料，因此开食料采食相对较少。柴建民等 （2015）研究表明，早期断奶羔羊均产生应激反应，断奶应激对羔羊断奶后 10 天的生长性能和代谢机能产生不利影响，但适宜的断奶时间（20 日龄）能够缓解断奶应激，促进羔羊采食开食料，使羔羊体重和生长速度与随母哺乳羔羊一致。

第四节　羔羊的饲料配制

一、羔羊饲养标准

1. 绵羊羔羊每日营养需要量

绵羊羔羊每日营养需要量见表 4-3。

表 4-3　绵羊羔羊每日营养需要量

体重/kg	泌乳量/kg	DMI/kg	DE/MJ	ME/MJ	粗蛋白/g	钙/g	总磷/g	食盐/g
4	0.1	0.12	1.92	1.88	35	0.9	0.5	0.6
4	0.2	0.12	2.8	2.72	62	0.9	0.5	0.6
4	0.3	0.12	3.68	3.56	90	0.9	0.5	0.6
6	0.1	0.13	2.55	2.47	36	1	0.5	0.6
6	0.2	0.13	3.43	3.36	62	1.0	0.5	0.6
6	0.3	0.13	4.18	3.77	88	1.0	0.5	0.6
8	0.1	0.16	3.10	3.01	36	1.3	0.7	0.7
8	0.2	0.16	4.06	3.93	62	1.3	0.7	0.7
8	0.3	0.16	5.02	4.60	88	1.3	0.7	0.7
10	0.1	0.24	3.97	3.60	54	1.4	0.75	1.1
10	0.2	0.24	5.02	4.60	87	1.4	0.75	1.1
10	0.3	0.24	8.28	5.86	121	1.4	0.75	1.1
12	0.1	0.32	4.6	4.14	56	1.5	0.8	1.3
12	0.2	0.32	5.44	5.02	90	1.5	0.8	1.3
12	0.3	0.32	7.11	8.28	122	1.5	0.8	1.3
14	0.1	0.40	5.02	4.60	59	1.8	1.2	1.7
14	0.2	0.40	6.28	5.86	91	1.8	1.2	1.7
14	0.3	0.40	7.53	6.69	123	1.8	1.2	1.7
16	0.1	0.48	5.44	5.02	60	2.2	1.5	2.0
16	0.2	0.48	7.11	6.28	92	2.2	1.5	2.0

续表

体重/kg	泌乳量/kg	DMI/kg	DE/MJ	ME/MJ	粗蛋白/g	钙/g	总磷/g	食盐/g
16	0.3	0.48	8.37	7.53	124	2.2	1.5	2.0
18	0.1	0.56	6.28	5.86	63	2.5	1.7	2.3
18	0.2	0.56	7.95	7.11	95	2.5	1.7	2.3
18	0.3	0.56	8.79	7.95	127	2.5	1.7	2.3
20	0.1	0.64	7.11	6.28	65	2.8	1.9	2.6
20	0.2	0.64	8.37	7.53	96	2.8	1.9	2.6
20	0.3	0.64	9.62	8.79	128	2.8	1.9	2.6

注：①表中日粮干物质进食量（DMI）、消化能（DE）、代谢能（ME）、粗蛋白（CP）、钙、总磷、食盐每日需要量推荐数值参考内蒙古自治区地方标准《细毛羊饲养标准》（DB15/T30—1992）。②日粮中添加食盐应符合GB/T 5461—2016 中的规定。

2. 山羊羔羊每日营养需要量

山羊羔羊每日营养需要量见表4-4。

表4-4 山羊羔羊每日营养需要量

体重/kg	泌乳量/kg	DMI/kg	DE/MJ	ME/MJ	粗蛋白/g	钙/g	总磷/g	食盐/g
1	0	0.12	0.55	0.46	3	0.1	0	0.6
1	0.02	0.12	0.71	0.60	9	0.8	0.5	0.6
1	0.04	0.12	0.89	0.75	14	1.5	1.0	0.6
2	0	0.13	0.90	0.76	5	0.1	0.1	0.7
2	0.02	0.13	1.08	0.91	11	0.8	0.6	0.7
2	0.04	0.13	1.26	1.06	16	1.6	1.0	0.7
2	0.06	0.13	1.43	1.20	22	2.3	1.5	0.7
4	0	0.18	1.64	1.38	9	0.3	0.2	0.9
4	0.02	0.18	1.93	1.62	16	1.0	0.7	0.9
4	0.04	0.18	2.20	1.85	22	1.7	1.1	0.9
4	0.06	0.18	2.48	2.08	29	2.4	1.6	0.9
4	0.08	0.18	2.76	2.32	35	3.1	2.1	0.9
6	0	0.27	2.29	1.88	11	0.4	0.3	1.3
6	0.02	0.27	2.32	1.90	22	1.1	0.7	1.3
6	0.04	0.27	3.06	2.51	33	1.8	1.2	1.3
6	0.06	0.27	3.79	3.11	44	2.5	1.7	1.3
6	0.08	0.27	4.54	3.72	55	3.3	2.2	1.3
6	0.1	0.27	5.27	4.32	67	4.0	2.6	1.3

注：①表中 0~8kg 体重阶段肉用绵羊羔羊日粮干物质进食量（DMI）按每千克代谢体重 0.07kg 估算；体重大于 10kg 时，按中国农业科学院畜牧研究所 2003 年提供的如下公式计算获得：DMI=(26.45×$W^{0.75}$+0.99×ADG)/1000。式中，DMI 为干物质进食量，单位为 kg/d；W 为体重，单位为 kg；ADG 为日增重，单位为 g/d。②表中代谢能（ME）、粗蛋白（CP）数值参考自杨在宾等（1997）对青山羊的数据资料。③表中消化能（DE）需要量数值根据 ME/0.82 估算。④总磷需要量根据钙磷为 1.5∶1 估算获得。⑤日粮中添加的食盐应符合 GB/T 5461—2016 中的规定。

二、羔羊的饲粉配方

1. 羔羊代乳粉和颗粒饲料配方

羔羊早期断奶用代乳粉配方见表4-5；羔羊代乳粉通用配方见表4-6；10～30日龄羔羊颗粒饲料配方见表4-7；30～60日龄羔羊颗粒饲料配方见表4-8。

表4-5　羔羊早期断奶用代乳粉配方

原料名称	配比/%		营养成分	营养含量	
	20日龄前	20日龄后		20日龄前	20日龄后
脱脂奶粉	65	77	干物质/%	94.61	94.37
玉米油	29	17	粗蛋白/%	21.65	25.64
磷脂油	3	3	粗脂肪/%	30.96	19.57
预混料	3	3	粗纤维/%	0.13	0.15
合计	100	100	钙/%	0.83	0.99
			磷/%	0.66	0.79
			食盐/%	0.00	0.00
			消化能/（MJ/kg）	20.89	19.16

注：每吨代乳粉加入添加剂的量如下所示。微量元素：氯化钴1.2g、硫酸铜20g、碘化钾0.3g、亚硒酸钠0.2g。矿物质：食盐10kg、重碳酸盐5kg。维生素：维生素A 2IU、维生素B_3 600IU、维生素E 0.2IU、维生素B_1 1.5g、维生素B_2 1.5g、维生素B_6 750mg、维生素B_{12} 50mg、维生素K 400mg。合成氨基酸：赖氨酸1kg、蛋氨酸2kg、生物性物质50g、抗氧化剂50g。

表4-6　羔羊代乳粉通用配方

原料名称	配比/%	营养成分	含量
全脂奶粉	39.4	干物质/%	83.68
膨化大豆	33.1	粗蛋白/%	27.28
乳清粉	11.9	粗脂肪/%	19.97
玉米蛋白粉	7.5	粗纤维/%	1.09
小麦面粉	6.85	钙/%	0.59
预混料	1	磷/%	0.69
食盐	0.25	食盐/%	0.25
合计	100	消化能/（MJ/kg）	18.90

表4-7　10～30日龄羔羊颗粒饲料配方

原料名称	配比/%		营养成分	营养含量	
	配方1	配方2		配方1	配方2
玉米	44.5	41.5	干物质/%	82.61	83.15
大豆粕	27	27	粗蛋白/%	22.50	22.15
花生粕	12		粗脂肪/%	2.58	2.68
向日葵仁粕		15	粗纤维/%	3.53	4.88
小麦麸	8	8	钙/%	0.74	0.74
糖蜜	5	5	磷/%	0.60	0.70

原料名称	配比/%		营养成分	营养含量	
	配方1	配方2		配方1	配方2
磷酸氢钙	1	1	食盐/%	0.49	0.49
石粉	1	1	消化能/（MJ/kg）	12.47	12.15
预混料	1	1			
食盐	0.5	0.5			
合计	100	100			

表 4-8　30～60 日龄羔羊颗粒饲料配方

原料名称	配比/%		营养成分	营养含量	
	配方1	配方2		配方1	配方2
玉米	56.8	44	干物质/%	83.80	87.06
苜蓿草粉		30	粗蛋白/%	17.68	16.73
向日葵仁粕	8	18	粗脂肪/%	3.09	2.60
大豆粕	10		粗纤维/%	4.41	10.76
小麦麸	10	5	钙/%	0.56	0.94
干脱脂奶粉	5		磷/%	0.53	0.62
糖蜜	4.6		食盐/%	0.49	0.49
酵母	3		消化能/（MJ/kg）	12.67	11.59
预混料	1	1			
石粉	1.1	0.5			
磷酸氢钙		1			
食盐	0.5	0.5			
合计	100	100			

2. 断奶羔羊饲料配方

断奶羔羊精料配方见表 4-9；断奶羔羊全价颗粒饲料配方见表 4-10。

表 4-9　断奶羔羊精料配方

原料名称	配比/%		营养成分	营养含量	
	配方1	配方2		配方1	配方2
玉米	53	55	干物质/%	86.82	86.86
大豆粕	33	24	粗蛋白/%	21.26	18.87
小麦麸	5.5	11	粗脂肪/%	2.82	2.91
菜籽粕	5		粗纤维/%	3.61	3.69
棉籽粕		6	钙/%	0.80	0.93
石粉	1.5	2	磷/%	0.53	0.54
预混料	1	1	食盐/%	0.49	0.49
磷酸氢钙	0.5	0.5	消化能/（MJ/kg）	13.29	13.17
食盐	0.5	0.5			
合计	100	100			

表 4-10　断奶羔羊全价颗粒饲料配方

原料名称	配比/%		营养成分	营养含量	
	配方 1	配方 2		配方 1	配方 2
玉米	49	40	干物质/%	87.89	87.29
玉米秸	18		粗蛋白/%	13.94	13.28
花生蔓		15	粗脂肪/%	2.41	2.66
野干草		15	粗纤维/%	10.44	11.37
棉籽粕	11	9	钙/%	0.76	0.90
小麦秸	11		磷/%	0.56	0.55
小麦麸	6	18	食盐/%	0.49	0.49
磷酸氢钙	1.5	1	消化能/（MJ/kg）	11.24	12.22
尿素	1				
石粉	1	0.5			
预混料	1	1			
食盐	0.5	0.5			
合计	100	100			

参 考 文 献

柴建民, 刁其玉, 张乃锋. 2014. 羔羊早期断奶方式与时间研究进展. 中国草食动物科学, 34(1): 49-51.

柴建民, 王波, 祁敏丽, 等. 2018. 不同开食料采食量断液体饲粮对羔羊生长发育的影响. 中国农业科学, 51(2): 341-350.

柴建民, 王海超, 刁其玉, 等. 2015. 断奶时间对羔羊生长性能和器官发育及血清学指标的影响. 中国农业科学, 48(24): 4979-4988.

刁其玉, 屠焰, 杨丹. 2002. 羔羊代乳粉的研制与应用效果研究. 中国草食动物, 22(4): 9-12.

刁其玉, 屠焰, 于雪初, 等. 2003. 羔羊专用代乳品的营养特性. 中国饲料, (7): 18-19.

方光新, 喻世刚, 秦崇凯, 等. 2010. 早期断奶对巴音布鲁克羊羔羊应激和免疫的影响. 新疆农业科学, 47(3): 619-626.

郭江鹏, 王宏博, 李发弟, 等. 2008. 早期断奶羔羊饲粮的可消化性及对消化道发育的影响. 畜牧兽医学报, 39(8): 1069-1074.

吕亚军. 2008. 滩羊产后 1～30 天泌乳规律及 1～30 日龄羔羊营养需要量研究. 西北农林科技大学硕士学位论文.

任慧波, 张永根, 潘军, 等. 2004. 不同蛋白来源的代乳粉代替全乳饲喂犊牛的试验报告. 饲料工业, 25(5): 24-26.

孙凤莉. 2003. 羔羊早期断奶研究进展. 饲料工业, 24(6): 50-51.

屠焰, 刁其玉, 岳喜新. 2012. 一种 0-3 月龄羔羊的代乳品及其制备方法. 发明专利: CN201210365927.6.

汪晓娟, 刘婷, 李发弟, 等. 2016. 开食料补饲日龄对羔羊瘤胃和小肠组织形态的影响. 草业学报, 24(4): 172-178.

王桂秋, 刁其玉, 罗桂河, 等. 2007. 羔羊断奶日龄对生长和血清指标的影响. 动物营养学报, 19(1): 23-27.

王小龙. 2008. 80~200 日龄绵羊羔羊消化器官及淀粉酶基因多态性研究. 西北农林科技大学硕士学位论文.

薛树媛, 李长青, 徐元庆, 等. 2015. 早期补饲对羔羊生长性能及血清生化指标的影响. 饲料研究, (18): 39-43.

杨宇泽, 赵有璋. 2008. 羔羊超早期断奶饲喂试验研究. 中国草食动物, 28(1): 28-30.

杨在宾, 杨维仁, 张崇玉, 等. 1997. 青山羊能量和蛋白质代谢规律研究. 中国养羊, (2): 17.

岳喜新, 刁其玉, 邓凯东, 等. 2010. 饲喂代乳粉对羔羊生长性能和体组织参数的影响. 饲料工业, 31(19): 43-46.

岳喜新, 刁其玉, 马春晖, 等. 2011. 饲喂代乳粉对羔羊生长性能和血清生化指标的影响. 饲料工业, 32(1): 20-23.

张乃锋, 刁其玉, 陈有武, 等. 2004. 羔羊代乳粉对小尾寒羊羔羊生长发育的影响. 饲料博览, (11): 21-23.

Emsen E, Yaprak M, Bilgin O C, et al. 2004. Growth performance of Awassi lambs fed calf milk replacer. Small Ruminant Res, 53(1-2): 99-102.

Jandal J M. 1996. Comparative aspects of goat and sheep milk. Small Ruminant Res, 22(22): 177-185.

第五章　羔羊快速育肥技术

第一节　羔羊育肥养殖工艺

目前，我国羔羊的育肥方式主要根据季节、生态条件和饲养管理条件而定。由于我国存在牧区、农区、半农半牧区以及山区、平川区、干旱区和南北气候等多种自然条件的不同，所以羔羊的育肥方式有很大差别。目前，育肥方式可以按照季节、规模大小、羊只年龄和饲养方法来划分。

一、按照季节划分

我国自然条件比较复杂，南北跨温、热两大气候带，极高山区为寒冷气候，东西从湿润到干旱的不同干、湿地区，再加上多种地形的不同影响，形成了海南岛长夏无冬、黑龙江北部全年无夏、淮海流域四季分明的气候特点。羔羊的育肥与季节变化有密切的关系：在我国的北方牧区，每年因冬季掉膘和冻饿死的家畜是可提供商品畜的 3 倍，有的灾区可达到 7～8 倍。牧区绵羊平均每只冬春掉膘减重约 10kg。而季节性的羔羊肉生产，就是充分利用夏秋季节牧草的生产优势进行羊的育肥生产，在冬季来临之前羊只膘肥体壮时出栏，减少冬季羊的存栏数量。这样不仅可以提供高品质的羊肉，增加草地的载畜量和羊肉的年生产总量，而且可以减少因越冬消瘦、春季掉膘造成的羊肉损失，减轻冬季牧场的压力，降低饲养成本，提高养羊业的经济效益。以下是几类季节性羊肉生产的模式。

1. 冬羔生产模式

冬羔生产模式下，母羊 7～9 月配种。此时，母羊膘情好，排卵多、受胎率高。12 月至翌年 2 月产羔，正值冬春季舍饲，容易管理。4～6 月断奶，羔羊断奶后，牧草返青营养价值高，与羔羊的生长发育高峰相吻合，利用放牧即可以获得较好的日增重。8～10 月体重达到 40kg 左右即可出栏，为中秋、国庆两大节日供应优质的羊肉。但是在产冬羔时需要有一定的圈舍条件，否则气温过低，影响羔羊成活率。冬羔生产模式见图 5-1。

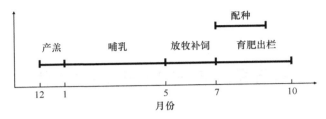

图 5-1　冬羔生产模式示意图

2. 春羔生产模式

　　春羔生产模式下，母羊在 10～11 月配种，翌年 3～4 月产羔，7～8 月断奶。断奶后放牧跑茬加补饲，使羔羊在 11～12 月体重达到 40kg 左右，开始出栏上市，为元旦、春节提供优质羊肉。此模式的优点是：配种时膘肥，可取得高的受胎率；产羔时气候不寒冷，不需要特殊的保温条件和圈舍；在哺乳后期，牧草产量直线上升，可以满足羔羊生长发育的需要；可利用秋季秋收后的跑茬放牧促进增膘。但是由于羔羊断奶后不久就进入深秋和初冬，牧草枯黄，营养降低，会影响羔羊的生长发育，所以要及时补料，才能满足生长和育肥的营养需求。春羔生产模式见图 5-2。

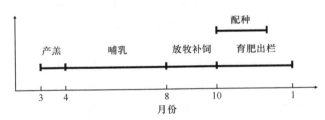

图 5-2　春羔生产模式示意图

3. 秋羔生产模式

　　秋羔生产模式下，母羊在 3～4 月配种，8～9 月产羔。在羔羊哺乳后期应加强对羔羊的补饲，使羔羊在断奶时或断奶后 1～2 个月体重达到 35kg 左右上市，即在元旦、春节时出栏（图 5-3）。对未达到上市体重的羔羊继续育肥供第二年屠宰上市。这种生产方式下，母羊在妊娠后期牧草的营养丰富，可满足母羊和胎儿发育的营养需求，胎儿初生体重大，母羊奶水足，羔羊的成活率高。但是春季配种时母羊的膘情差，排卵数少，产羔期影响母羊的放牧，哺乳后期牧草的品质变差，产量减少，使补饲量增加，加大了饲养成本。同时，羔羊断奶后牧草和饲养条件较差，由于羔羊本身正处在生长的高峰，轻则使羔羊生长发育受阻，重则羔羊越冬期的死亡率较高。另外，冬季寒冷，补饲育肥的效果差，经济效益低（庄文发，2002）。研究表明，在冬季，12 月至翌年 1 月的舍饲期，每天除饲喂粉碎的玉米秸秆外，育成羊每天再补饲 0.5kg 的其他饲料，体重不但不增加，反而每天减少 8～10g（斯登丹巴等，2006）。因此，产秋羔育肥不经济。

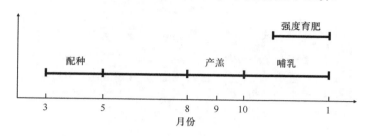

图 5-3　秋羔生产模式示意图

二、按照规模大小划分

规模化饲养是养羊业生产的必然趋势，但是受到气候、资源、资金、管理等诸多因素的影响。根据我国畜牧生产的区域性特点，规模化饲养的方式可以分为适度规模的农区型、中等规模的牧区型和专业规模的集约型三种。

1. 适度规模的农区型

农区地处北温带和亚热带，雨量充沛，无霜期长，种植业发达，饲草料资源丰富，具有发展养羊生产的有利因素。但是由于场地限制而多采用舍饲养羊为主，其饲养规模较小，降低了养羊业效益。近年来，农区养羊通过两种方式实现规模化：一是在耕地较少的种植业区，形成了"小群体，大规模"的区域规模；二是在有放牧条件（如滩涂、林间、山坡等）的地区，出现了适度的规模（每群 300～400 只）专业户（图 5-4）。

发展农区养羊生产的主要措施包括以下三个方面。一是充分利用农区饲草料来源广泛的优势，做好平时的种植、收集和储存工作（主要指农作物秸秆、藤蔓、农副产品等饲草饲料的收储，推行粮经饲间作或轮作的三元种植模式，推广青贮、氨化、草粉发酵等加工技术）。二是发挥地方品种高繁殖力、适应性好的特性，开展经济杂交，提高产肉性能。三是进行多种形式放牧，如牵牧、栓牧、联户放牧等，既可以降低生产成本，又可以充分利用草场资源（程超等，2007）。

2. 中等规模的牧区型

牧区养羊生产是草原畜牧业的重要组成部分，其特点是：饲养规模大、经营管理粗放；全年放牧，冬季少量补饲（图 5-5）。

图 5-4　农区适度规模羔羊养殖模式（彩图请扫封底二维码）

图 5-5　中等规模的牧区型（彩图请扫封底二维码）

　　发展牧区养羊生产的主要措施包括以下三个方面。一是大力推行当年羔屠宰利用。根据一年四季草场变化的特点，在夏秋季节放牧育肥羔羊，入冬前屠宰，而在冬春季节，保存繁殖母羊及后备羊，因羊群缩小，饲草饲料供应充足，有利于提高羔羊质量和成活率（李艳杰等，2003）。二是实施补饲，缩短饲养周期。牧区在 7~9 月产草量最高，牧草营养价值也高，羔羊生长速度最快，但是到 10 月中旬以后则牧草干枯、量少质差，若此时对母羊和羔羊进行补饲，可以保持羔羊持续增重、缩短饲养周期、适时出栏（李长青等，2016）。三是提高羊群中繁殖母羊的比例，由目前的45%左右提高到70%左右，达到发挥羊群合理结构的经济效益和最大限度提高羔羊肉产出率的双重目的。

3. 专业规模的集约型

这种生产形式是建立在当代畜牧科技和经营管理水平基础上的企业经营，它按照工厂化模式进行肥羔生产（图5-6）。

图5-6 专业规模的集约型（彩图请扫封底二维码）

集约型养羊生产的特点：一是根据羊群的健康和卫生防疫要求，建立标准化羊舍，同时羊场布局、饲养密度、舍内环境条件等指标都要达到特定标准；二是高度密集饲养，以提高劳动生产率、羊舍及设备利用率；三是工厂化组织生产和劳动，各种作业流程（包括饲养、繁殖、羔羊育肥等）要配套，以实现完整的生产控制；四是日粮营养价值要全价；五是全年均衡生产，产品规格化。

集约化养羊生产的主要工艺：一是饲养程序，包括饲料生产专业化、调制加工标准化、放牧草场栽培化和围栏化、饲喂和饮水自动化等技术环节；二是母羊繁殖程序，包括全年配种产羔、母羊强度利用等，为了适应育肥批次的需要，繁殖母羊要求全年分批产羔，故通常在人为控制下一月一期配种，安排母羊一年两产或两年三产；三是羔羊育肥程序，包括早期断奶、人工育羔及专门育羔饲料、全价颗粒饲料快速育肥等；四是作业流程程序，包括同期羔羊全进全出周转、按年龄单独组群、分段连续作业等。实践证明，在集约化养羊生产中，育肥场的规模和养殖类型是非常重要的，它们影响各个工艺环节。标准化的育肥场，母羊繁殖综合体可以达到5000～10 000只，羔羊育肥场每场可达到20 000只以上，大羊育肥场每场可达到10 000只以上。

第二节　羔羊育肥的关键技术

羔羊肉具有鲜嫩、多汁、精肉多、脂肪少、易消化、易加工、味道鲜美、膻味小等特点，特别适宜老、弱人群和儿童食用，符合现代人们的饮食保健需求，深受各个层次消费者欢迎。

羔羊具有生长发育快、饲料报酬高的特点，饲养成本低，经济效益高，符合现代高效养殖的生产要求。有关资料表明，饲养一只 2 岁 50kg 的羯羊所需要的干饲草可达 840kg，而饲养 10 月龄 45kg 的羔羊所需要的干草为 290kg，2 岁羊消耗的饲草是羔羊消耗草量的 2.9 倍，用同样的饲草可生产羔羊重 130kg，相当于 2.6 只成年羯羊的羊肉生产量（郭天龙等，2012），可见生产羔羊肉经济效益非常显著。

一、羔羊育肥的理论依据

绵羊的生长曲线见图 5-7。羔羊育肥的理论依据主要是羔羊阶段正处于生长发育的第二次高峰（图 5-8）（第一次高峰在胚胎时期），生理代谢机能旺盛，无论是机体的绝对生长还是相对生长的速度都较快，所增加的成分包括肌肉、脂肪、骨骼和各种器官等组织，对饲料的利用率较高，育肥的成本相对较低，经济效益高。

羔羊的强度育肥是指羔羊经过 45～60 天的哺乳期，在断奶后继续在原圈饲养，一直到育肥及出栏为止。在断奶前的营养来源主要是乳汁，断奶后以精料为主，辅助饲喂饲草饲料。其特点是饲料报酬率高、料重比低、生长速度快、日增重快。

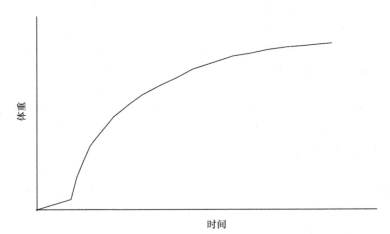

图 5-7　绵羊的生长曲线示意图

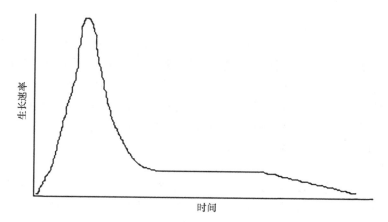

图 5-8　绵羊的生长速度曲线示意图

　　绵羊初生体重约 3kg，50 日龄时为 13kg，100 日龄时为 22kg，7 月龄时达 34kg，19 月龄为 51kg，43 月龄为 67kg。由此可以反映出，羔羊在初生至 7 月龄间的生长速度最快，体重增加了 31kg；7～19 月龄间仍然保持较高的增长速度，体重增加 17kg；而 19 月龄以后体重增加缓慢，到 43 月龄时体重达到 67kg，在此期间 24 个月体重才增加了 16kg。这说明羔羊在出生后的一段时间内生长发育的速度较快，在适宜的条件下，羔羊在 1～5 月龄期间活重的增长速度最高，在 10 月龄前仍然保持较高的增长速度；随后绝对体重增加，但是生长速度明显减慢，月增重速度趋于平稳，并保持在一个较低的水平。羔羊育肥正是利用羔羊前期生长速度快的发育特点，配合相应的育肥措施，满足生长发育的营养需求，最大限度地提高增重速度，在较短的时间内取得较高的日增重和经济效益。许多生产实践也证明，采用此种育肥方法确实给生产带来很好的经济效益。

二、育肥羔羊的饲养管理

　　羔羊断奶后育肥是羊肉生产的主要方式，因为断奶后羔羊除小部分选留到后备群外，大部分要进行出售处理。一般来讲，对体重小或体况差的羔羊进行适度育肥，对体重大或体况好的进行强度育肥，均可进一步提高经济效益。此种技术灵活多样，可视当地牧草状况和羔羊类型选择育肥方式，如强度育肥或一般育肥、放牧育肥或舍饲育肥等。通常在入圈育肥前，先利用一个时期较好的牧草地或农田茬子地，使羔羊逐步适应饲料转换过程，同时也可降低生产成本（张敏等，2019）。

　　1. 预饲期的饲养管理

　　预饲期是指羔羊入育肥圈后的一个适应性过渡期，也是正式育肥前的准备时间。预饲期一般 10～15 天；若羔羊整齐，膘情中等，预饲期可缩短 7 天。

（1）羔羊入舍前后

断奶羔羊运出之前应先集中，暂停给水、给料，空腹一夜后次日早晨称重运出。装车速度要快，以减弱环境应激。刚入舍羊只应保持安静，供足饮水，并喂给易消化的青干草。全面驱虫和进行预防注射。按羔羊体格大小分组，分出瘦弱羔，再按组配合日粮。体格大的大龄羔羊优先供给精料型日粮，通过短期强度育肥，提前出栏上市；而对体格小的羔羊先喂给粗料比例较大的日粮，干草比例可占日粮的60%～70%，待复原后再进入育肥期。

（2）饲喂技术

经过2～3天的初步环境适应，羔羊可开始使用预饲日粮每天喂料两次，每次投料量以30～45min内吃净为佳，不够再添，量多则要清扫。料槽位置要充足，饮水不间断。加大喂料量或变换饲料配方都应至少有3天的适应期。

2. 正式育肥期的饲养管理

预饲期结束后即转入正式育肥期。此期应根据育肥计划、当地条件和增重要求，选择日粮类型（全精料型、粗饲料型和青贮饲料型），并在饲养管理上分别对待。

（1）高精料型日粮育肥

此法只适用于35kg左右的健壮羔羊育肥。通过强度育肥，50天达到48～50kg上市体重。

饲养管理要点：精饲料自由采食，另外还应保证羔羊每天每只额外食入粗饲草45～90g。进圈羊只活重较大，一般绵羊35kg左右、山羊20kg左右。羊只进圈后休息3～5天，然后注射"羊快疫、猝狙、肠毒血症"三联苗，重点预防肠毒血症，再隔14～15天注射一次。保证充足饮水，对从外地购进的羊只在水中加抗生素，连服5天；如怀疑或发现有内寄生虫，及时驱虫。在使用自动饲槽时，要保持槽内饲草不出现间断，每只羔羊应占有7～8cm的槽位。在羔羊改用自动饲槽之前应至少有10天的适应期。

（2）粗饲料型日粮育肥

此法按投料方式分为普通饲槽用和自动饲槽用两种，前者是把精料和粗料分开喂给，后者则是把精粗料混合在一起的全日粮饲料。为了减少饲料浪费，建议大中型规模的集约化肉羊饲养场采用自动饲槽，用粗饲料型日粮，故此处仅介绍自动饲槽用日粮。

饲养管理要点：日粮用干草应以豆科牧草为主，其粗蛋白含量不低于14%；配制出的日粮在成色上要一致，尤其是带穗玉米必须碾碎，以羔羊难以从中挑出玉米粒为准，常用的筛孔是0.65cm。按照"渐加慢换"的原则，让羔羊逐步转入育肥日粮，每只羔羊日饲喂量按1.5kg计。利用自动饲槽省力、省工的特点，每天投料一次，即在自动饲槽内装足一天的用量。注意饲槽的数量要适宜。

自动饲槽的自制方法：选用合适的铁桶，去掉上盖下底，底端焊接上 4 个细钢筋圆环支架，铁桶上 1/3 处穿孔，穿入一根 1.5m 长的铁管；用两块木板下端固定在饲槽底盘两边，上端开槽，槽径与铁管粗细吻合；再将铁桶放在饲槽底盘上，饲料倒入铁桶，会自动流下、外溢。

3. 应注意的问题

（1）合理饲喂

定时、定量、定温、定质，少添勤喂，注意多种饲草和饲料的均匀搭配，确保育肥羊日增重的营养需要，尽量做到饲料不单一饲喂，要求当日添加的饲草、饲料要现拌，并做到夏季防霉、冬季防冻，绝不饲喂霉烂变质和冰冻的饲料。长期饲喂某种饲料应预防代谢病的发生。添加助长剂要用低毒、易排泄的物质，如瘤胃素等。

（2）勤于观察

育肥前要求对饲养员进行专门培训，使其掌握基本的饲养知识和生产要领。生产中要注意观察羊只采食饲料和反刍的情况、精神状况是否正常、对响声的反应是否灵敏，以便对病畜做到早发现、早治疗。

（3）定期称重

选择同一批次、同一等级的羊只抽样称重，及时了解育肥羊只的增重情况，准确掌握饲料报酬，一般以 15 天左右为 1 个周期，以便掌握每月成本投入及育肥日增重速度，随时调整饲料供给，了解可出栏羊只数，做到及时出栏。

（4）栏舍维护

入冬前不仅要维修好圈舍，防止贼风入侵，还要做到"一保、二用、三不、四勤"。"一保"是保证圈舍清洁卫生，干燥温暖；"二用"是用温水饮羊，用干草或干栏舍；"三不"是圈舍不进风、不漏雨、不潮湿；"四勤"是圈舍勤垫草、勤换草、勤打扫、勤除粪（王慧涛，2010）。

（5）防病治病

一是切实做好消毒工作。清理圈舍后要铺撒石灰，用 2%福尔马林对羊舍、饲槽及周围环境进行消毒，要定时定期对羊舍、饲槽消毒，对羊只进行带体消毒；场门口要设消毒池，对进出场区的车辆要进行消毒。二是日常喂给的饲料、饮水必须保持清洁，不饮冷水和脏水，更不能空腹饮水。三是要定期进行预防注射，要注射口蹄疫、羊痘、羊三联四防苗。四是肉羊舍饲后，活动范围变小，容易造成圈舍潮湿和环境不良，引发寄生虫病，因此要注意羊舍的环境卫生、通风和防潮，做好羊疥癣等寄生虫病的防治。五是要让羊只定期饮用 0.1%高锰酸钾水，饮用次数视情况而定。六是防止羊只相互串圈，各栏之间应当有很好的防护，杜绝由于串圈造成疾病的相互传播。七是要密切注意天气变化，早做防范，以免大风和寒流突降导致羊只患病。

三、育肥羔羊结石的预防

肉羊养殖生产中，成年公羊尤其是种公羊、阉羊及舍饲育肥羊易发生肉羊尿结石。母羊发病率约为 0.1%，公羊发病率大于 5%，死亡率大于 90%。该病全国范围内无明显季节性，60～100 日龄舍饲育肥羊，尤其在育肥强度增加的条件下，其尿结石的发生率有增加趋势（王芬等，2017）。

1. 尿结石成因

尿素感染 肉羊被某些细菌感染后产生的脲酶能够将尿液中的尿素分解成氨和二氧化碳，使尿液呈碱性，铵根离子可与尿中的镁离子和磷酸根离子结合，生成磷酸铵镁。当 pH 上升到 7.2 以上或者尿液中的磷酸铵镁达到过饱和水平时，便会析出结晶，晶体慢慢积聚最终形成磷酸铵镁结石。目前普遍认为磷酸铵镁结石是由尿路细菌感染引起的。感染性结石的生长十分迅速，4～6 周便可形成（高月锋等，2017）。

矿物元素失衡 反刍动物日粮钙磷比例的适宜范围为 1∶1～2∶1，钙磷比例失衡极易引起钙结石或磷酸盐结石。高镁和高钾日粮也容易导致形成磷酸钾（铵）镁结石。

精粗比失衡 超量精料导致的多为磷酸盐结石。养殖场为追求育肥效果，特别是在冬春季粗饲料缺乏期，往往提高补饲精料量，甚至超过 80%，导致结石发病率增加。

饮水不足或水质恶化 长期饮用矿化度高的水、涝坝余水、盐碱水和泥沙含量高的浊水容易引发结石。脱水是各种结石发展的关键因素，饮水量不足时，会使尿的浓度增高，尿中矿物质处于超饱和状态。

其他因素 尿结石的发生与多种因素有关。例如，日粮搭配不合理，蛋白质含量偏高，蛋白质降解为氨，导致尿液 pH 增高；棉籽粕、棉籽壳等含有棉酚，高磷容易诱发结石；尿液 pH 偏高，大于 7.2，容易形成磷酸盐结石。

2. 尿结石的预防

合理配制饲粮 应查清动物的饲料、饮水和尿石成分，找出尿石形成的原因，合理调配饲料，使饲料中的营养水平科学合理，控制饲料霉变程度，生产中棉籽饼应脱毒后饲喂。

保证饮水量和水质 新鲜和干净的水会增加羊的饮水量，或者平时应适当增喂多汁饲料，以稀释尿液，减少对泌尿器官的刺激，并保持尿中胶体与晶体的平衡。保证充足的饮水槽，增加盐的饲喂量；夏季和冬季适宜的供水温度能增加饮水量，从而达到稀释尿液的目的。

添加剂预防　在日粮中加入碳酸氢钠对尿结石有一定的预防作用，同样，在饲料中补充氯化铵对预防磷酸盐结石有令人满意的效果。氯化铵的用量不适宜过高，因为它对皮肤、眼睛、消化道都具有一定的损害，不同的动物添加量也不同，一般反刍动物建议日粮中添加量为 0.5%。糖蜜中钾含量高，会降低氯化铵的效果，但添加葡萄糖和蔗糖是可以的。另外，长期饲喂氯化铵会导致母羊骨骼中的矿物质含量降低（高月锋等，2017；林祥群等，2017）。

保证食盐添加量　当食盐供应不足时，可能会引起山羊食欲不振、啃土壤或石屑。食盐的推荐量为总干物质摄取量的 0.5%，生产中一般建议以 0.5%～1.0% 的日粮干物质比添加（王芬等，2017）。

第三节　育肥羔羊的饲料配制

一、育肥羔羊饲料的原料选择

育肥羔羊的饲料原料应尽量选择适口性好、来源广、营养丰富、价格便宜、质量可靠的饲料原料。要在同类饲料中选择当地资源最多、产量高且价格最低的饲料原料，且要满足营养价值的需要。特别要充分利用农副产品，以降低饲料费用和生产成本。

各种饲料原料都有其独特的营养特性，单独的一种饲料原料不能满足羊的营养需要，因此，应尽量保持饲料的多样化，达到养分互补，提高配合饲料的全价性和饲养效益。

可大量使用粗饲料，尤其是作物秸秆，还有品质优良的苜蓿干草、豆科和禾本科混播的青刈干草、玉米青贮等，降低精饲料的用量。禁止使用动物性饲料，包括肉骨粉、骨粉、血粉、血浆粉、动物下脚料等。

充分利用油脂用植物性蛋白资源，如植物油籽和豆类籽实，经膨化处理如膨化棉籽、膨化大豆等，或加热处理、甲醛处理等提高过瘤胃蛋白含量。此外，还可以使用少量过瘤胃氨基酸、非蛋白氮、脲酶抑制剂等。

饲料的适口性直接影响采食量。通常影响混合饲料适口性的因素有：味道（例如，甜味，某些芳香物质、谷氨酸钠等可提高饲料的适口性）、粒度、矿物质或粗纤维的多少。应选择适口性好、无异味的饲料。若采用营养价值高但适口性却差的饲料，须限制其用量，如血粉、菜粕（饼）、棉粕（饼）、葵花粕（饼）等，特别是为幼龄动物和妊娠动物设计饲料配方时更应注意。对适口性差的饲料，也可采用适当搭配适口性好的饲料或加入调味剂以提高其适口性，促使动物增加采食量。避免采用发霉、变质和含有毒有害因子的饲料。

二、饲料原料的合理搭配

育肥羔羊要以青、粗饲料为主，适当搭配精饲料。根据育肥羔羊生理特点和营养需求，为了充分发挥瘤胃微生物的消化作用，在日粮组成中，要以青、粗饲料为主，首先满足其对粗纤维的需要，再根据情况适当搭配好精饲料与粗饲料的比例。

考虑到舍饲养羊成本较高的问题，为提高育肥效益，应充分利用天然牧草、秸秆、树叶、农副产品及各种下脚料，扩大饲料来源。粗饲料是各种家畜不可缺少的饲料，对促进肠胃蠕动和增强消化力有重要作用，它还是冬春季节羊的主要饲料。新鲜牧草、饲料作物，以及用这些原料调制而成的干草和青贮饲料一般适口性好，营养价值高，可以直接饲喂羊只。低质粗饲料资源如秸秆、秕壳、荚壳等，由于适口性差、可消化性低、营养价值不高，直接单独饲喂给羊，往往难以达到应有的饲喂效果。

要兼顾日粮成本和生产性能的平衡，必须考虑肉羊的生理特点，因地制宜，选用适口性强、营养丰富、价格低廉、经济效益好的饲料，以较小的投入获取最佳效益。

三、舍饲育肥羔羊的日粮配制

1. 育肥羔羊的日粮配制原则

育肥羔羊的日粮是指一只羊一昼夜所采食的各种饲料的总量。按照饲养标准和饲料的营养价值配制出的完全满足育肥羔羊在基础代谢、增重和育肥等需要的全价日粮，对降低育肥成本、提高育肥效果非常重要，因而掌握舍饲育肥羔羊的日粮配合技术十分必要。配制时应掌握以下原则。

第一，饲料搭配要合理。羊是反刍家畜，能消化较多的粗纤维，在配制日粮时应根据这一生理特点，以青粗饲料为主，适当搭配精料。对早期断奶育肥羔羊应适当降低粗饲料比例，提高精料比例。

第二，注意原料质量。羔羊育肥要选用易消化的优质干草、青贮饲料、多汁饲料，严禁饲喂有毒和霉烂的饲料。所用饲料要干净卫生，同时注意各类饲料的用量范围，防止含有害因子的饲料含量超标。

第三，因地制宜，多种搭配。应充分利用当地饲草料资源，特别是廉价的农副产品，以降低饲料成本；同时要多种搭配，既提高适口性，又能达到营养互补的效果。

第四，日粮的体积要适当。日粮配合要从羊的体重、体况、饲料适口性及体积等方面考虑。日粮体积过大，羊不好摄入；体积过小，可能难以满足营养需要，即使能满足需要，也难免有饥饿感。育肥羔羊对饲料在满足一定体重阶段日增重的营养基础上，饲喂量可高出饲料标准的 1%～2%，但也不要过剩。饲料的采食量大致为 10kg 体重采食 0.3～0.5kg 青干草或 1～1.5kg 青草。

第五，日粮要相对稳定。日粮的改变会影响瘤胃微生物。若突然变换日粮组成，瘤胃的微生物不能马上适应各种变化，会影响瘤胃发酵，降低各种营养物质的消化吸收，甚至会引起消化系统疾病。

2. 育肥羔羊的日粮配制方法

在现代肉羊生产中，借助计算机，通过线性规划原理，可方便快捷地求出营养全价且成本低廉的最优日粮配方。下面仅介绍常用的手算配方的基本方法，具体步骤如下。

第一步：确定每日每只羊的营养需要量。根据羊群的平均体重、生理状况等，查出各种营养需要量。

第二步：根据当地粗饲料的来源、品质及价格，最大限度地选用粗饲料。其中，青绿饲料和青贮饲料可按 3kg 折合 1kg 青干草和干秸秆计算。

第三步：计算应由精料提供的养分量。每日的总营养需要与粗饲料所提供的养分之差，即是需精料提供的养分量。

第四步：确定混合精料的配方及数量。

第五步：确定日粮配方。在完成粗、精饲料所提供养分及数量后，将所有饲料提供的各种养分进行汇总：如果实际提供量与其需要量相差在±5%范围内，说明配方合理；如果超出此范围，应适当调整个别精料的用量，以便充分满足各种养分需要而又不致造成浪费。

现举例说明羔羊育肥日粮配制的设计方法。例如，为平均体重 25kg 的育羊群设计饲料配方。

第一步：查营养需要表给出羊每天的养分需要量，该羊群平均每天每只需要干物质 1.2kg，消化能 10.5～14.6MJ，可消化粗蛋白 80～100g，钙 1.5～2g，磷 0.6～1g，食盐 3～5g，胡萝卜素 2～4mg。

第二步：查饲料营养价值表列出供选饲料的养分含量，见表 5-1。

第三步：按羊只体重计算粗饲料采食量。一般羊粗饲料干物质采食量为体重的 2%～3%，我们选择 2.5%，25kg 体重的羊需粗饲料为 25×2.5%=0.625kg，根据实际情况考虑，确定玉米秸秆和野干草的比例为 2:1，则需玉米秸秆 0.42÷0.909=0.46kg、野干草 0.21÷0.906=0.23kg，由此计算出粗饲料提供的养分含量，见表 5-2。

表 5-1 供选饲料养分含量

饲料名称	干物质/kg	消化能/（MJ/kg）	可消化粗蛋白/（g/kg）	钙/%	磷/%
玉米秸秆	90.9	8.61	21	0.28	0.15
野干草	90.6	8.32	53	0.54	0.09
玉米	88.4	15.38	65	0.04	0.21
小麦麸	88.6	11.08	108	0.18	0.78
棉籽饼	92.2	13.71	267	0.31	0.64
豆饼	90.6	15.93	366	0.32	0.50

表 5-2 粗饲料提供的养分含量

饲料名称	干物质/kg	消化能/（MJ/kg）	可消化粗蛋白/（g/kg）	钙/%	磷/%
玉米秸秆	0.42	4.05	9.87	0.28	0.15
野干草	0.21	1.91	12.19	0.12	0.02
粗饲料	0.63	5.96	22.06	0.12	0.02
需精料	0.57	8.64	77.94	1.88	0.98

第四步：草拟精料补充料配方。根据饲料资源、价格及实际经验，先初步拟定一个混合料配方，假设混合料配比为 60%玉米、23%麸皮、5%豆饼、10.5%棉籽饼、0.75%食盐和 0.75%尿素，将所需补充精料干物质 0.57kg 按上述比例分配到各种精料中，再计算出精料补充料提供的养分，见表 5-3。

表 5-3 草拟精料补充料提供的养分含量

饲料名称	干物质/kg	消化能/（MJ/kg）	可消化粗蛋白/（g/kg）	钙/%	磷/%
玉米	0.342	5.95	25.31	0.15	0.81
小麦麸	0.131	1.58	15.98	0.27	1.15
棉籽饼	0.06	0.89	17.4	0.20	0.42
豆饼	0.029	0.51	11.69	0.10	0.16
食盐	0.005	0.0	0.0	0.0	0.0
尿素	0.005	0.0	14.0	0.0	0.0
总计	0.572	8.93	84.38	0.72	2.54

从表 5-3 可看出，干物质已完全满足需要，消化能和可消化粗蛋白有不同程度的超标，且钙、磷不平衡，因此，日粮中应增加钙的量，减少能量和蛋白量。我们可用石粉代替部分豆饼进行调整，调整后的配方见表 5-4。

从表 5-4 可看出，本日粮已经完全满足该羊的干物质、能量及可消化粗蛋白的需要量，而钙、磷均超标，但日粮中的钙磷之比为 1.9：1，属正常范围，故认为本日粮中钙、磷的供应也符合要求。

表 5-4 日粮组成及养分含量

饲料名称	干物质/kg	消化能/（MJ/kg）	可消化粗蛋白/（g/kg）	钙/%	磷/%
玉米秸秆	0.42	4.05	9.87	0.28	0.15
野干草	0.21	1.91	12.19	0.12	0.02
玉米	0.342	5.95	25.31	0.15	0.81
小麦麸	0.131	1.58	15.98	0.27	1.15
棉籽饼	0.06	0.89	17.4	0.20	0.42
豆饼	0.019	0.33	7.68	0.067	0.10
食盐	0.005	0.0	0.0	0.0	0.0
尿素	0.005	0.0	14.0	0.0	0.0
石粉	0.010	0.0	0.0	4.0	0.0
总计	1.202	14.71	102.43	5.087	2.65

在实际饲喂时，应将各种饲料的干物质含量换算成饲喂状态时的含量。

四、全价颗粒饲料育肥羔羊

全价颗粒饲料是将多种精、粗饲料原料通过科学配比均匀混合，采用一定的工艺方法配制而成的颗粒饲料（于忠升等，2018）。颗粒饲料可以显著提高动物的日增重和饲料转化率。这主要是在制粒过程中由于蒸汽的膨化作用，使淀粉糊化而提高饲料的消化率，同时也提高了适口性。颗粒饲料可以改善反刍动物的血液生化指标，促进动物的生长，提高生长性能。除此之外，在高温制粒过程中还可以杀菌、消毒。育肥羊采食颗粒饲料后不会出现消化紊乱等不良症状。全价颗粒饲料在肉用羔羊的育肥方面应用越来越广泛（王利等，2019）。

1. 全价颗粒饲料的加工方法

肉羊育肥全价颗粒饲料的加工方法与其他畜禽颗粒饲料的加工方法大致相同，但在肉羊全价物颗粒饲料加工时，其原料一般有谷物类精饲料和秸秆类、羊草、苜蓿等粗饲料，在制粒前需将粗饲料粉碎成草粉。草粉粉碎加工速度慢、容重小、流动性差，因此羊用全混合饲料制粒速度远低于不含草粉的畜禽料，生产效率相对较低，在制粒环节配置制粒缓冲仓有利于提高生产效率。缓冲仓内设震动棒以防拱阻和增加流动性。配料输送时，由于草粉容积大、流动性差、输送慢，因此输送提升常采用大口径螺旋提升机或皮带输送机。

2. 肉羊全价颗粒饲料的加工工艺

肉羊全价颗粒饲料的加工工艺一般分为粉碎、配料、混合、制粒、冷却、分级、成品包装。首先将所有原料逐一粉碎存放在各自的料仓中，添加剂料仓中的添加剂在使用前要进行稀释，按照肉羊不同生长阶段的营养需要量将已经粉碎的原料分批投入混合机中充分搅拌。混合均匀度达到要求意味着颗粒饲料的配料过程完成。由于不同生长阶段营养需要量不同，因此混合时间也有差别。

3. 全价颗粒饲料对肉羊育肥的效果

颗粒饲料生产时使原料密度增加、体积减小、适口性提高，而且制粒过程中的高温使淀粉糊化产生香味，从而使肉羊的采食量也相应增加（王利等，2019）。饲喂苜蓿草粉全价颗粒饲料可显著提高海南育肥黑山羊的日增重和日采食量（刘圈炜等，2015）。贾红锋和尹彦昆（2016）研究表明，利用舍饲育肥模式，达到20kg的羔羊经过70d的肥育期，即可达到上市体重，与传统饲养方式比，肉羊养殖的周期缩短。郭芳（2017）在肉羊快速育肥中利用全混合颗粒饲料，使得肉羊的产量大幅提高，养殖效益也随之增加。黄继成（2017）研究表明，羔羊体重达成年羊的一半以上，即可屠宰上市，所以颗粒饲料在羔羊育肥商品化技术支持上有保障。周波（2017）指出，应用颗粒饲料，羔羊育肥养殖时间短、回收资金快，是舍饲养羊的趋势。应用颗粒饲料技术还应结合绿色养羊技术，减轻养羊对环境的影响，较好地控制养殖成本等（马晓花，2014；王贵印等，2016）。

五、羔羊舍饲育肥实用配方举例

下面列举羔羊舍饲育肥饲料配方，详见表5-5～表5-8。

表5-5　羔羊育肥精料配方一

原料	玉米	大豆饼	麦麸	磷酸氢钙	石粉	食盐	预混料	合计
比例/%	65.5	15.0	15.0	1.0	1.5	1.0	1.0	100

表5-6　羔羊育肥精料配方二

原料	玉米	大豆粕	菜籽粕	花生仁粕	麦麸	磷酸氢钙	石粉	食盐	预混料	合计
比例/%	66.5	8.0	3.0	3.0	15.0	1.0	1.5	1.0	1.0	100

表5-7　羔羊育肥全混合日粮（TMR）饲料配方一

原料	玉米	大豆粕	玉米秸	磷酸氢钙	石粉	食盐	预混料	合计
比例/%	53.0	23.0	20.0	1.0	1.0	1.0	1.0	100

表5-8　羔羊育肥全混合日粮（TMR）饲料配方二

原料	玉米	麦麸	菜籽粕	苜蓿草粉	玉米秸	磷酸氢钙	石粉	食盐	预混料	合计
比例/%	31.5	8.0	12.0	15.0	30.0	1.5	0.5	0.5	1.0	100

参 考 文 献

程超, 董宽虎, 赵有英. 2007. 不同肉羊品种杂交一代羔羊育肥效果. 中国草食动物, 27(4): 24-27.

高月锋, 王陆潇, 武启繁, 等. 2017. 羊尿结石研究进展. 现代畜牧兽医, (3): 39-43.

郭芳. 2017. 肉羊快速育肥生产综述. 农业与技术, 37(24): 112.

郭天龙, 金海, 薛淑媛, 等. 2012. 放牧羔羊补饲育肥技术及经济效益评价. 中国草食动物科学, 32(s1): 337-339.

黄继成. 2017. 羔羊的快速育肥技术. 农村实用技术, (8): 47.

贾红锋, 尹彦昆. 2016. 生产优质肥羔羊的关键技术. 山东畜牧兽医, 37(8): 17-18.

李长青, 金海, 薛树媛, 等. 2016. 中国北方牧区放牧母羊冬春季补饲策略. 黑龙江畜牧兽医, (12): 89-90.

李艳杰, 陈凤芝, 宋志满. 2003. 小尾寒羊当年育肥羔技术. 辽宁畜牧兽医, (2): 30.

林祥群, 于安乐, 杨国江, 等. 2017. 氯化铵在羊尿结石防治上的应用. 黑龙江畜牧兽医, (22): 147-148.

刘圈炜, 郑心力, 谭树义, 等. 2015. 不同组合全价颗粒饲料对育肥海南黑山羊生产性能的影响. 粮食与饲料工业, (9): 59-61.

马晓花. 2014. 巴彦淖尔市肉羊成本效益分析及发展对策. 内蒙古农业科技, (1): 122-124.

斯登丹巴, 王耀富, 乌力吉, 等. 2006. 不同饲养管理方式对细毛羊越冬渡春的影响. 中国草食动物, (6): 37-39.

王芬, 王茂荣, 王宏. 2017. 中国肉羊养殖中尿结石问题的研究现状. 饲料研究, (23): 4-10.

王贵印, 王维召, 王文义, 等. 2016. 内蒙古乌拉特中旗肉羊养殖成本效益调查报告. 畜牧与饲料科学, 37(3): 79-85.

王慧涛. 2010. 加强妊娠母羊冬季饲养管理. 畜牧兽医科技信息, (7): 63.

王利, 田丰, 李长青, 等. 2019. 全混合颗粒日粮对杜蒙羔羊增重效果的影响. 饲料研究, 42(8): 4-7.

于忠升, 张爱忠, 姜宁, 等. 2018. 全价颗粒饲料在羊生产中的应用. 黑龙江畜牧兽医(下半月), (10): 154-156.

张敏, 高维明, 范慧, 等. 2019. 肉羊育肥及高效生产技术. 吉林畜牧兽医, 40(10): 120-123.

周波. 2017. 肉羊的短期育肥技术及其注意事项. 现代畜牧科技, (7): 53.

庄文发. 2002. 季节性舍饲养羊的必要性及措施. 辽宁畜牧兽医, (2): 5-6.

第六章　羔羊育肥的圈舍及环境控制

第一节　场址选择与规划布局

在羊场选址、建造羊舍和配套设施时，必须根据羊的特性、饲养规模和发展规划及本地的自然生态条件，以因地制宜、经济适用、有利于羊的饲养管理和福利为原则，建设符合无公害、标准化等饲养标准的羊场及配套设施。总体而言，羊场的选址应执行国家标准或相关行业标准的规定，符合《绿色食品　畜禽卫生防疫准则》（NY/T 473—2016）等的要求。羊场周围的空气要清新，不能被灰尘或者化学物质污染，水源供应充足，水质要良好，保证羊的动物福利，符合《畜禽场环境质量标准》（NY/T 388—1999）等的要求。羊场的总体规划应遵循生产区和生活区相隔离，病羊和健康羊相隔离，饲料原料、产品、副产品和废弃物等的转运相互不交叉等，羊舍的间距、绿化、内部构造和配套设施等要符合《畜禽场场区设计技术规范》（NY/T 682—2003）等的规定。羊舍应建在地势高、通风向阳、远离垃圾场和风景区的地方。粪便堆场和污水池等应设在生产及生活区的下风向，离功能性地表水源 400 m 以上，粪便的储存设施要有足够的容量，以免粪便通过直接排放、地表径流或土壤渗滤污染水体，应符合《畜禽养殖业污染排放物标准》（GB 18596—2001）、《畜禽粪便无害化处理技术规范》（GB/T 36195—2018）和《畜禽养殖业污染治理工程技术规范》（HJ 497—2009）等的要求。由于病死羊尸体中含有大量的病原体，会影响人畜健康，造成环境污染，因此，需要按照《病死及病害动物无害化处理技术规范》（农医发[2017]25 号）的规定，对病死羊尸体和丢弃物进行合理的处理，严禁随意出售或丢弃病死羊。

一、羊场场址选择

在选择场址时要周全考查，长远规划。场址不得位于《中华人民共和国畜牧法》明令禁止区域，并符合相关法律法规及区域内土地使用规划，即要求羊场不得建在水源保护区、旅游区、自然保护区，并有合法的土地使用手续。羊场的位置应选在居民区的下风向，且要远离居民污水排出口，以及化工厂、屠宰场、制革厂等容易造成环境污染的企业下风处及附近。应先调查当地的气候、环境、地势、地貌、饲草、水源、交通、防疫等自然条件，使羊场场区具有良好的小气候环境，便于合理组织生产、满足防疫的需要。

1. 地势

羊具有怕湿、怕热、怕脏的生活习性，因此，应选择地势高、地面干燥、平坦或略有坡度、排水良好、通风、光照充足的地方，切忌在山洪水道、低洼涝地、冬季北风口等地建场。

羊场场区的小气候要相对稳定，但要通风。为了防止由于地势、地形原因造成的场区空气滞留、污浊、潮湿、闷热等，不宜在谷地或山坳里建羊场。对于较大型肉羊场，为防止畜群粪尿对环境的污染，应选择较开阔的地带建场，并配套粪尿处理设施。

2. 饲草与水源

舍饲羊场应充分考虑饲草、饲料条件，必须有充足的草料来源或可供喂羊的农副产品和工业副产品。同时，羊舍附近要有清洁而充足的水源，作为羊饮用水和羊舍清洁用水。水质要求达到《无公害食品 畜禽饮用水水质》（NY 5027—2008）的标准。在有自来水供应的地方，设计规划好自来水管线网和水管口径。在几种水源（如江、河、湖、塘、井等）都具备的情况下，可采用从不同水源分别取水。从卫生、经济、节约资源和能源等各方面考虑，可分别建设饮用水和生产用水管网，做到卫生、经济，并能充分利用自然资源。

3. 交通与防疫

羊场的交通应便捷，有利于人员、草料及其他用品的运输。同时，为了减少干扰、防止污染以及防疫的需要，场址应至少远离铁路、公路 500m 以上，并尽可能远离居民区、厂矿企业。在羊场与公路之间应修羊场专用通道，防止无关人员及车辆通行。此外，选址时还应考虑电力、草料加工与储藏、技术管理配套用房及后续发展等。

合理的羊场选址和布局有利于疫病的防控、污染防治，并方便组织生产。规模化舍饲羊场建设应首先考虑预选场地的地形地貌、常年的主风向等。为使羊场拥有良好的环境条件，一般选址在向阳、背风、地势较高、通风良好、电源充足、水质安全、排水方便且交通便利的地带，远离居民生活区、屠宰场、养殖场、兽医医疗机构、污水污染区和处理厂。

二、羊场规划布局

1. 羊场功能分区

规模化舍饲羊场的布局应包括生产区、生产辅助区、生活管理区（图 6-1）。

生产区包括各种羊舍、装卸羊斜台、消毒室、消毒池、药房、兽医室、病死羊处理室、出羊台、维修室、仓库、值班室、检疫隔离舍、粪便处理区等；生产辅助区包括饲料厂及仓库、水塔、锅炉房、变电所、屠宰加工厂、修配厂等；生活管理区包括办公室、食堂、宿舍等。应严格做到生产区和生活管理区分开，且二者之间有较长的缓冲防疫隔离带，生产区周围应有防疫保护设施。

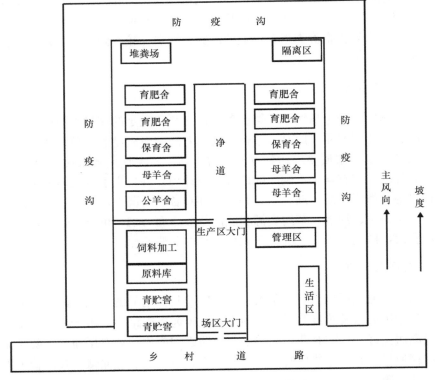

图 6-1 羊场规划布局平面示意图

2. 羊场功能区分布

场区规划是在调查清楚客观条件后，再结合资金和规模对羊场实行区域划分，按功能划分为生活区、管理区、生产区、粪便处理区和隔离治疗区，根据当地的主要风向和地势，从上风或地势较高处依次排列（图 6-2）。依据肉用羊场规模对各分区的面积和相关设施等进行具体布局。生产区应按夏季主导风向布置在生活管理区的下风向或侧风向，羊舍应按配种怀孕舍、分娩舍、保育舍、生长育成舍、育肥舍、装羊台的顺序从上风向自下风向排列。污水粪便处理设施和病死羊焚烧炉应按夏季主导风向设在生产区的下风向或侧风向处。各区之间用绿化带或围墙隔离，生产区四周设围墙、大门处设立出入值班室、消毒室、车辆消毒通道、装卸羊斜台。

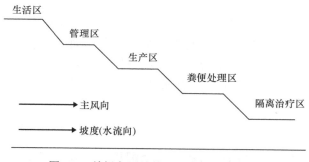

图 6-2　羊场各区地势、风向配置示意图

（1）生活区是职工生活的区域，建在其他各区的上风向和地势较高的地段，并与其他各区用围墙隔开一定距离，以保证职工生活区的良好卫生条件，也是羊群防疫的需要。

（2）管理区为办公和对外业务联系的区域，建设有相应的办公室、技术室、配电室和接待室。为防止外来人员联系工作时穿越饲养区，管理区要建在靠外墙处，并建有内墙与饲养区隔开，有专用门出入。

（3）生产区是羊群活动区。羊舍、饲草堆放场、饲料加工调制间、仓库及育肥羊出场通道和出粪通道等应布局合理。一般可把羊舍集中分几排建在本区的主要位置，两排羊舍距离为 10～15m，这样可以保证运输路线短，采光一致，利于通风。羊舍的一侧为饲料场地，分别为饲料加工区及饲料仓库等，有饲料通道与羊舍相通，在通道的合适位置设置地磅间。在育肥羊舍有通道与外界相通，建有消毒池，平时通道关闭。另一侧是出粪的专用通道，把羊舍或运动场清理的粪便用专用粪车运出本区处理，严禁外部车辆进场运粪。职工进出饲养区有专用通道，建有紫外线消毒间、更衣室和消毒水池。人工授精室应邻近种公羊舍和生产母羊舍，以便进行精液品质检查及人工授精操作。

（4）粪便处理区是消除污染区域，对羊粪进行资源化利用，对污水进行无害化处理后达标排放。

（5）隔离治疗区是防止疫病传播区域，包括病羊舍、康复羊观察舍、兽医室、病尸处理间等。兽医室主要进行防疫、消毒和常见病的治疗工作。本区建高围墙与其他各区隔离，相距 100m 以上，处在下风向和低处，有专用通道与外界相通，并设消毒池以便于消毒。本区要有专人管理，进出严格消毒。对病羊粪便和尸体，必须彻底消毒后才可运出或深埋。

第二节　羊舍的设计建造

羊舍又称羊圈，是供羊只栖息和舍饲的场所。羊舍的建造是否合理、能否满足羊的生理要求，不仅与羊的健康有密切关系，而且影响羊生产力的发挥。因此，羊舍的建造要根据当地的自然环境条件、全年的气温变化，做到经济实用、科学合理，符合环保和防疫卫生要求。

一、羊舍的设计

羊舍设计应满足羊只的行为特性。舍饲状态下饲养密度、饲养方式、舍饲环境、地面形式和地面环境对羊只的生产性能、行为等方面有很大影响。研究显示，在舍饲的条件下，羊只一天当中采食、躺卧反刍、站立反刍的时间分别约是7h、2h、1h。所以羊只一天饲喂2～3次，可以满足其采食行为及采食量。对羊只的非活动行为（睡眠、休息和游荡）研究发现，季节、光照、温度等对其都有影响，得出一天中羊只游荡、休息、睡眠所需时间分别约为375min、252min、56min。饲养密度对哺乳母羊的产奶量、乳房健康状态及舍内小环境都有影响。低于2m²/只的舍内空间会严重影响哺乳母羊的生产性能和健康，因此圈舍面积应满足羊只活动休息所需要的空间，确保为所有羊只提供足够的躺卧空间。每只哺乳母羊必须提供至少2m²的空间，以确保空气质量。在大群圈舍中，也应有足够的空间，确保每只羊都可以舒适地躺卧，这样才有利于反刍。

在建造羊舍时，可依据羊的生产方向、品种不同参照下列数据进行设计：每只公羊1.5～2.0m²，繁殖母羊0.8～1.0m²，后备公羊、后备母羊及肥育羊0.5～0.6m²，羊舍高度不低于2.5m。对于以舍饲为主的种羊舍，还要有足够宽敞的户外运动场，面积不小于羊舍舍内面积的2倍。

二、羊舍的类型

各地根据当地气候、地理条件不同，可建造封闭式、半开放式或开放式棚圈。

1. 封闭式羊舍

封闭式羊舍适合寒冷地区，四面有墙体，保温性能好，可根据羊只数量加以延长或缩短（图6-3）。

图 6-3　封闭式羊舍（彩图请扫封底二维码）

2. 半开放式羊舍

半开放式羊舍用于北方暖和地区或半农半牧地区，一般有一面无墙体或只有半截墙体，设木、砖支柱（图 6-4）。

图 6-4　半开放式羊舍（彩图请扫封底二维码）

3. 开放式羊舍

开放式羊舍适用于炎热地区，大部分用立柱代替墙体，方便通风降温（图 6-5）。

此外，长江以南多雨地区可建成楼式羊舍（图 6-6），羊舍地板一般高出地面 1～2m，离地面距离较高，防潮、透气性好，结构简单。舍旁修建运动场，周围栽植树木遮阴。用木条、竹条或细木棍钉成间距 1～1.5cm 的床面，以便粪、尿落于地面。羊床可分栏隔断，也可做成活动板面。

图 6-5 开放式羊舍（寒冷季节放下卷帘保温）（彩图请扫封底二维码）

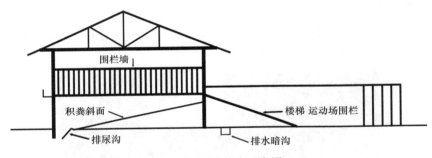

图 6-6 楼式羊舍示意图

三、羊舍的基本构造

羊舍应保温、隔热、通风、透气、采光良好；地面、墙体建筑材料应耐酸碱，便于清扫、冲洗、消毒和排污。

羊舍一般为封闭式或半开放双列对头式，中间为 1.5～2.0m 走道。羔羊舍为双列对头式，中间走道宽 1.5m，羊床宽 2.0m。屋顶可采用单坡、双坡、不等坡或拱形。母羊舍要有户外运动场。

羊舍可采用砖混结构或棚架结构，棚舍可采用钢质支柱。羊舍长度以 40～80m 为宜，不宜超过 100m；双列式或多列式羊舍跨度为 10～12m，连栋式羊舍跨度为 20～24m；羊舍檐口高度一般为 2.2～2.4m。具体参数设计应适当兼顾实际使用的建筑材料规格。两栋羊舍之间的间距不少于 8m。羊舍内走道宽度不应低于 1.5m。墙体可用砖、土坯、木板、新型复合夹芯板等。地面可采用水泥地面和漏缝式地板等。屋顶可用石棉瓦、彩钢瓦、陶瓦、木板、烧制泥瓦等。门宽 2.0～3.0m、高 1.8～2.5m，窗宽 1.0～1.2m、高 0.7～0.9m。

四、羊舍建造的基本要求

1. 地面

地面是羊运动、采食和排泄的地方，按建筑材料不同有土、砖、水泥和木质地面等。土地面造价低廉，地面柔软，易于保温，但遇水易变烂，不便于打扫消毒，容易形成湿润的环境，多发腐蹄病，只适合于干燥地区。砖地面导热性能小，具有保温功能，但砖易吸水，吸水后会变冷变硬。另外，砖地面容易破碎磨损，形成空隙，故不易打扫干净，不便消毒。水泥地面较硬，对羊蹄发育不利，地面不透水，但便于清扫和消毒，应用最普遍，但造价较高，保温性能差。木质地面最好，但成本较高。漏缝地板地面需要配备自动刮粪机和污水处理设备，造价较高，但节省人工成本，国内大型羊场较多使用。

在冬季寒冷天气，羊只偏好保温性能好的地面，在不同生理阶段对地面的选择也有差异。怀孕母羊和育成羊对地面的反应比成年羊敏感。另外，怀孕母羊在垫草地面较其他地面的反刍躺卧时间长，因此，提供垫草能更好地满足羊只的行为需求。

2. 羊床

羊床是羊躺卧和休息的地方，要求洁净、干燥、不残留粪便和便于清扫，可用木条或竹片制作，木条宽 3.2cm、厚 3.6cm，木条间缝隙宽要略小于羊蹄的宽度，约为 2cm，以免羊蹄漏下折断羊腿。羊床大小可根据圈舍面积和羊的数量而定。高架式羊床离地面的高度为 50~80cm，羊床下设斜坡，以便于清粪。地面式羊床与地面相平，羊床下设清粪槽，清粪槽应水泥抹面，离地面的高度为 30~40cm。清粪槽应安装刮粪系统，以便于清粪。

3. 墙体

墙体对畜舍的保温与隔热起着重要作用，一般多采用土、砖和石等材料。近年来建筑材料科学发展很快，许多新型建筑材料如金属铝板、钢构件和隔热材料等，已经用于各类畜舍建筑中。用这些材料建造的畜舍，不仅外形美观、性能好，而且造价也不比传统的砖瓦结构建筑高太多，是未来大型集约化羊场建筑的发展方向。

4. 屋顶和天棚

屋顶应具备防雨和保温隔热功能。挡雨层可用陶瓦、金属板和油毡等制作。在挡雨层的下面，应铺设保温隔热材料，常用的有玻璃丝、泡沫板和聚氨酯等保温材料。

5. 运动场

单列式羊舍应坐北朝南排列，所以运动场应设在羊舍的南面；双列式羊舍应南北向排列，运动场设在羊舍的东西两侧，以利于采光。运动场地面应低于羊舍地面，并向外稍有倾斜，地面要有一定坡度（3°～5°），有利于排水、排尿和清扫。

五、简易塑料大棚羊舍的建造

塑料大棚羊舍具有成本低、构造简单的优点。大棚周围设置排水沟，使雨水和污水分离；棚膜由聚乙烯或烯烃材料制成，具有拉伸强度高、无毒和耐老化等优点；棚外设运动场；山墙由钢材或混凝土建设，在相应部位加装平移门或卷帘门（图 6-7）。大棚羊舍建设可参考《肉羊塑料大棚舍饲技术规程》（DB32/T 3299—2017），主要要点如下。

1. 大棚规格

单栋大棚的跨度宜为 6～14m，高度宜为 2.6～3.8m。大棚长度为 20～60m，以 30～50m 为宜。单坡大棚前坡肩高应在 1.5m 以上，后坡肩高 2.2m 以上；双坡大棚和连栋大棚肩高均在 2.4m 以上。

2. 大棚骨架

骨架型式可采用单肩单坡弧式拱棚、双肩双坡弧式拱棚或连栋大棚等结构，顶棚可采用弧式单层或双层膜棚。单肩单坡弧式拱棚适合小规模育肥羊养殖，双肩双坡弧式拱棚或连栋大棚适合大规模集中育肥羊养殖。骨架的承载能力、焊接、

图 6-7　大棚羊舍（彩图请扫封底二维码）

防腐和安装等应符合《日光温室和塑料大棚结构与性能要求》(JB/T 10594—2006)的要求。羊舍能充分利用白天太阳能的蓄积和羊自身散发的热量,提高夜间羊舍的温度,使羊只免受严寒的侵袭。暖棚塑料膜要拉紧绷平,不通风,北方在天气过冷时还要加盖草帘等进行保温。白天利用设在南墙上的进气孔和排气孔进行1~2次通风换气,以排出棚内湿气和污浊气体。

总之,羊舍没有严格的型式,应因地制宜,就地取材。在夏季炎热潮湿的南方,羊舍应增加高度,并增设地窗,以利羊舍内污浊空气尽快排出;在北方要保暖防冻,免受严寒侵袭,以保证羊群有良好的生活环境。

第三节 羊场设施设备

一、围栏

羊舍内和运动场四周均设有围栏,其功能是将不同大小、不同性别和不同类型的羊相互隔离开,并限制在一定的活动范围之内,以利于提高生产效率和便于科学管理(图6-8)。围栏材料可以是木栅栏、铁丝网、钢管等。山羊场围栏必须有足够的强度和牢度,因为与绵羊相比,山羊的顽皮性、好斗性和运动撞击力要大得多。围栏高度绵羊不低于1.2m,山羊不低于1.4m。围栏栏杆采用横向分布,上下间隔15~20cm,采用下窄上宽的“非等距”分布。其中位于食槽上方的一根应具有上下距离活动可调的功能。靠近走道一侧围栏应留有圈门。围栏表面应容易清洁、不怕水、耐腐蚀,不应有锋利的边缘和凸起以避免对羊造成伤害,涂料或漆必须是无毒、无铅、防止霉菌生长且耐用的。

图6-8 羊舍围栏(彩图请扫封底二维码)

二、饲喂设施

1. 草料架

草料架的形式多种多样，有供喂粗料和精料两用的联合草料架，有专供喂粗料的草架，也有专供喂精料的料槽。基本要求是：不使羊采食时互相干扰，不使羊蹄踏入草料架内，不使草料碎屑落在羊身上。草架用来盛放青粗饲料，装上草既便于羊采食，又可避免饲草被羊踩踏，有长条式和圆柱式等多种形式。长条式有单面式、双面式之分，可移动、悬挂或固定，其规格为长300cm、宽80cm、高40～50cm。侧栅栏以15°角朝外倾斜，栏间距为10～15cm，可根据是否允许羊头通过而适当缩小或加宽。圆柱式则为铁杆制成的上口大、下口小的圆栅。无论哪种草架，其槽底距地面或羊床高度应适宜，一般为25cm。

2. 食槽

一般采用外挂式食槽，用直径30cm的PVC塑料管纵向切割或用铁皮制成，固定在走道围栏外，安装时注意外侧要高于内侧5～7cm，长度根据饲养量而定。也可用水泥、铁皮等材料建造食槽，深度一般为15cm，不宜太深，底部应为圆弧形，四角也要用圆弧角，以便清洁打扫。采用撒料车喂料，食槽高度和位置应与撒料车出料口参数相配套。

3. 饮水槽

饮水槽上方可安装自来水龙头，以供给充足的清洁饮水。水槽一端底部设有排水孔，便于清除残余水。有条件的羊场可在羊舍或运动场适当位置、距地面约40 cm处安装自动饮水器，宜采用碗式自动饮水器（图6-9），每个圈舍根据饲养量合理配置安装位置和数量，避免采用固定水池或活动水盆的饮水方式。也可用成品陶瓷水池或其他材料，底部应有放水孔。

三、饲草料设施

1. 饲料加工车间

羊场应配套建设饲料加工车间，用于羊日粮的加工。加工车间应能防风避雨，地面应防止潮湿。车间内应分设原料区、加工区和成品区。羊场需要配备必要的饲料加工设备，用于制作全混合日粮。设备包括：饲料搅拌机，功率不小于4.5kW；多功能铡草机，功率不小于4.5kW；饲料粉碎机，功率不小于15kW。

图 6-9　自动饮水碗（彩图请扫封底二维码）

2. 青贮设施

选择地势高、地面干燥、地下水位低、距羊舍较近、便于收贮加工和取用的地方修建青贮设施。青贮窖一般有地下式、半地下式、地上式 3 种，直径 5～8m、宽 2m、深 3m，窖壁用砖和水泥浆砌光滑，并防止雨水渗漏。青贮壕一般为地下式，因贮量大，壕壁及底要用砖、砂石、水泥砌牢固。人工制作青贮壕长×宽×高为（8～10）m×（2.5～3.5）m×（3～4）m；机械制作青贮壕长×宽×高为（20～30）m×（7～10）m×（7～9）m，以 2～3 天能青贮完毕为原则。青贮窖、青贮壕周围 50cm 处要挖设排水沟，防雨水渗漏和流入。

3. 草料棚

羊场应配套建设草料棚。草料棚一般采用轻钢结构，应具备遮阳挡雨、抗击大风的能力，地面应防止潮湿。

四、药浴池

药浴池适用于大、中型羊场。一般用砖、石、水泥等砌成狭长而深的水沟，长约 10m，深 1m，宽以羊不能自由转身为宜。入口处外接漏斗形围栏，内为陡坡，以便羊按顺序并快速滑入池中，出口为斜坡，并有小台阶，可防止羊滑倒，外设滴流台，使羊身上滴流下来的药液能重新流回浴池内（图 6-10）。小型羊场则可视具体情况设置能同时进行 1～2 只羊药浴的浴缸、桶等。

图 6-10　药浴池（彩图请扫封底二维码）

五、粪尿沟

粪尿沟应建在地面较低一侧。沟宽 25～30cm，沟深 15～20cm，并向储粪池一端倾斜 3°以上。底部应预留排尿通道，利于粪尿分离，方便清理。清理出的粪便要集中到堆粪场堆积发酵。

第四节　羊舍环境控制

羊适宜居住在干燥、向阳和空气流通的羊舍，最怕潮湿圈舍。如果在地面潮湿、闷热的环境中饲养，会导致生长缓慢、发育不良，还会引起各种疾病，甚至会造成大批死亡。所以建造羊舍时，为适应羊习性要求，特别是在湿热地区，应为羊架设离地羊床，保持羊舍干燥，不要建在低洼、多水和潮湿的地方。规模化舍饲场饲养密度大，舍内环境的优劣对羊的生产性能和健康状况影响巨大，因此，应从羊舍设计、饲养管理、温湿度调控等多方面入手，给羊提供合适的温度、湿度、光照、空气质量等。羊舍环境质量监控是指对环境中某些有害因素进行调查和测量，是羊场环境质量管理的重要环节之一，目的是为了了解被监控环境受到污染的状况，以便及时发现环境污染问题，从而采取有效的防治措施，使场内保持良好的环境。羊舍环境控制主要包括温湿度监测、有害气体监测及相应的调控措施等。

一、温度

羊的适宜温度为 10～24℃，若超过 30℃，则羊的采食量会受到抑制。自然通风条件下，羊舍内温度和湿度随外界环境中温度、湿度变化而变化。自然通风是由大气气流形成的风力，受外界气候影响较大，降温效果不稳定，可利用度较小，改善自然通风并不能有效降低舍内温度。炎热天气和强烈的日光照射会使羊只呼吸频率、心率、饮水量增加，采食量减少。当室温超过30℃时，羊只的反应是增加呼吸频率，随之降低采食量，减少活动行为，增加皮质醇水平，产生应激，由于体温调节所需的新陈代谢增加，可能陷入能量缺乏。夏季高温地区，仅利用自然通风很难实现舍内降温，因此必须考虑结合采用降温设备来达到预期效果。适用于集约化养殖中的降温方法多样，如机械排风、湿帘、喷雾降温、冷却干燥空气、安装空调降温设备。在最热的时期，一天中每只母羊每小时推荐的最小通风量是 $66m^3$。炎热季节应加强通风，也可通过喷淋或湿帘降温（图 6-11）。因湿帘-风机降温系统具有设备简单、成本低廉、能耗低、高效、运行可靠方便、可自动控制等优点，被广泛用于畜禽集约化养殖中。与普通风机降温相比，采用湿帘-风机降温可显著降低舍内温度，7、8月平均舍温可降低 4～6℃。对绵羊剪毛也可以减少热应激发生的可能性。研究显示，在运动场设置遮阴棚，可使棚内温度比露天低 2℃左右，还可降低饮水次数，使羊更好地反刍与休息。

图 6-11　装有湿帘和机械通风装置的羊舍（彩图请扫封底二维码）

　　冬季低温状态下，羔羊易患呼吸道疾病、腹泻、感冒，使羔羊断奶体重小，成活率下降。漏缝地板可能受到寒风的影响，羊舍设计和羊床选择应注意防寒、保暖。舍内温度应该根据羊毛长度调节，最好能维持在10～24℃。在极端严寒环境条件下，要特别护理好近期剪过羊毛的羊只和初生羔羊，羊舍内温度至少应在0℃以上。冬季用于保暖的方法很多，如可采用暖风炉、暖风机、煤炉、水暖暖气、地暖、太阳能等设备。暖风炉因具有节约能源、取材广泛等特点，在封闭式集约化养殖中普遍采用。采用暖风炉可使舍内温度达到 18℃以上，接近羊的等热区，有利于表现出其最佳生产性状。

二、湿度

羊喜干燥，湿热环境容易导致细菌滋生和热应激的发生。舍内湿度应低，在一个密闭的羊舍内，40%～60%是理想的湿度，以避免在建筑里面有潮气和水珠。舍内相对湿度显著高于外界，这是由于舍内羊的呼吸、粪尿蒸发等因素引起的。冬季，使用暖风炉后舍内相对湿度显著升高，这是由于舍内温度增高有利于水分蒸发，但由于冬季外界比较寒冷，舍内门窗在一天内的大部分时间处于关闭状态，造成舍内通风不畅，舍内湿气无法及时排出，从而增大了相对湿度。因此，在冬季羊舍内采用取暖设备时，应适时通风，以降低舍内湿度。

三、光照

视觉是羊与羊之间相互交流及自我保护中重要的一部分，羊只可以在黑暗中感知环境变化，具有很强的警觉性。光照要充分，便于工作人员观察和照顾羊只，除非在特殊需要的情况下，否则应该维持正常的生物节律。在设计羊舍的墙体高度、跨度、窗户类型与大小时，应考虑冬季充分吸收阳光以提高舍温，夏季注意遮阳、避免阳光直射舍内。可在羊舍顶棚上安装透明透光条。

四、空气质量

良好的通风对维持空气质量很重要，特别是当羊只处于潮湿的厚垫草环境中时。微生物过量繁殖和氨气浓度过高易危害羊只健康和导致羊舍恶臭。羊舍应具备良好的通风换气性能，必要时可加装风机或换气扇（图 6-12）。抽风机的工作效率应保证氨气浓度下降到小于 18.97mg/m^3。在半开放式羊舍中，周围的遮蔽物会改变空气方向，所以在建造时应考虑空气流向，利用自然通风将羊舍内的氨气带走。

羊场空气质量监测主要包括氨气、硫化氢和二氧化碳等项目。羊场空气环境质量应符合表 6-1 的要求。

动物圈舍内氨气（NH_3）的浓度除受到营养因素影响外，还受到养殖环境因素影响，这些因素包括舍内温度、风速、堆粪温度、地板构成、粪便在地板上的分布、清粪频率等。研究表明，舍内 NH_3 的浓度与舍内温度呈正相关，当温度从 10℃升高到 20℃时，NH_3 浓度升高到原来的两倍。这是因为温度升高后，脲酶活

图 6-12　羊舍空气监测与机械通风装置（彩图请扫封底二维码）

表 6-1　羊场及羊舍空气环境质量指标

序号	项目	单位	场区最大值	羊舍最大值
1	氨气（NH_3）	mg/m^3	5	25
2	硫化氢（H_2S）	mg/m^3	2	10
3	二氧化碳（CO_2）	mg/m^3	750	1500
4	可吸入颗粒物	mg/m^3	1	2
5	总悬浮颗粒物	mg/m^3	2	4
6	恶臭	稀释倍数	50	70

性增强，使水相的 NH_4^+ 转化为气相 NH_3 的速度加快。冬季，全天温度都处于较低状态，这样的情况下脲酶活性受到抑制，减慢了 NH_3 的生成。通风率也是决定舍内 NH_3 浓度的重要因素，虽然夏季 NH_3 的产生量较多，但由于舍内通风换气较好，产生的 NH_3 及时排出，使得其舍内浓度较低。而冬季羊舍处于一个封闭的状态，通风率较低，虽 NH_3 产生量小，但产生后不能及时排出，在舍内大量积聚，因此，冬季 NH_3 浓度高于夏季。在生产实践中，除圈舍类型外，季节因素、饲养方式和动物的生长阶段也会对 NH_3 浓度产生影响（蔡丽媛，2015）。

　　CH_4 和 CO_2 是导致温室效应的重要气体，来源于养殖业的温室气体占人为温室气体排放量的 18%。CH_4 主要来自于反刍动物的消化系统并通过嗳气排出，以及来源于它们的粪便。除营养因素外，动物舍内温度、通风效果、粪污堆放时间和粪污处理形式都是影响 CH_4 浓度的重要因素。当舍内温度从 1.8℃ 升高到 22.8℃ 时，舍内 CH_4 浓度翻倍。动物圈舍内的 CO_2 主要来源于动物呼吸和粪便。实验室条件下，来源于动物粪便的 CO_2 占安静呼吸时排出量的 40%。也有研究表明，只

有少量的 CO_2 来自于粪便，占动物呼出量的 4%～10%。动物圈舍内 CO_2 浓度也是反映通风效果的有效参数，其浓度与舍内通气效果紧密相关（蔡丽媛，2015）。

五、噪声

羊的听觉非常灵敏，应处在一个安静的环境中，应当避免突然的声音和惊吓干扰。机械化程度高的羊场，应购买使用性能优良、噪声小的机械设备。在场内和缓冲区植树种草，也可降低噪声。

六、粉尘和微生物

空气粉尘中存在大量微生物，必须做好舍内消毒、预防粉尘，减少疾病发生（王雅军，2016）。羊舍内的粉尘主要源自卫生清扫、分发干草和干粉料、刷拭、翻动垫草等。粉尘对羊的健康有直接影响。为了减少羊舍空气中的粉尘量，应采取以下措施：在羊场周围种植保护林带，场地内也应种植树木；粉碎精补料、堆放和粉碎干草的场所，应远离羊舍；分发干草时动作要轻；有条件的可饲喂 TMR 或颗粒饲料；禁止在羊舍内干扫地面；保证通风良好，定期除尘等。

第五节　羊场环境卫生控制

随着养殖规模的增大，饲养密度的增加给疫病防控带来挑战。为了控制疫病传播，规模化羊场需建立有效的生物安全体系和环境卫生控制系统。从羊场的选址布局着手，建立健全的防疫体制，制订科学的免疫程序、消毒制度和监测方法，加强饲养管理，树立以预防为主、防治结合的疫病诊断和预警理念。为了加强防疫，在生产区周围应建造围墙或挖沟壕，建立健全兽医卫生制度，是防止外界病源传入、减少内源病原微生物有效的预防性措施。羊场一旦发生疫病，技术人员应及时根据实际情况采取有效的措施，消灭传染源，切断传播途径，保护易感动物，从而控制疫病的流行，最终消灭该种疫病。

一、建立严格的消毒制度

定期消毒是切断疫病传播途径、杀灭或清除存活在羊体表病原体的有效办法。经常消毒能减轻外界病原对羊群的压力，还能使疫苗效力得到充分发挥。

在生产区入口，应设有车辆消毒的消毒池（图 6-13）或喷雾消毒机（图 6-14）。消毒池应结构坚固，以使其能承载通行车辆的重量。消毒池还必须不透水、耐酸碱。池底要有一定坡度，池内设排水孔，以便于更换消毒药液。池子的尺寸应以车轮间距确定，长度以 1.5 个车轮周长为宜。池深应以浸没半只轮胎为宜，消毒药要定期更换，以保证一定的药效。常用消毒池的尺寸是：长 3.5m，宽 2.8m，深 0.15m。

图 6-13　生产区门口的消毒池（彩图请扫封底二维码）

图 6-14　厂区门口的车辆喷雾消毒机（彩图请扫封底二维码）

羊舍、运动场和用具每半年要进行一次大清扫、大消毒；平时每周消毒一次，冬天封闭期和特殊情况每周消毒二至三次。每栋羊舍内的工具不得交叉使用，且需保持干燥；饮水槽和食槽需每两周消毒一次（0.1%高锰酸钾溶液）；医疗器械、哺乳器械、采精和输精器械必须在每次使用之前进行消毒，用后立即清洗并消毒。羊场每批出栏后，羊栏先要经过严格清洗（图 6-15，图 6-16），再用高效的消毒剂进行严格消毒，并空圈 1 周后方可进羊。发生传染病时，羊舍及用具要经常消毒，传染病扑灭后及疫区解除封锁前必须进行一次终末消毒。羊舍内可安装超微雾化自动喷雾消毒装置，喷头应沿着羊床上方纵向分布（图 6-17）。

图 6-15　喷雾消毒机（彩图请扫封底二维码）

图 6-16　羊舍内喷雾消毒现场（彩图请扫封底二维码）

图 6-17　舍顶自动喷雾消毒设施（彩图请扫封底二维码）

消毒药应选用广谱、高效、低毒、价廉、作用快、性质稳定、易溶解和使用方便的消毒药，同时配以紫外线灯消毒。羊舍地面、墙壁、笼架、饲槽等可选用烧碱、生石灰、复合酚等消毒；车辆及用具的消毒可选用乙酸、复合酚，病死羊及病羊排泄物等可选用氢氧化钠（烧碱）、生石灰等消毒后深埋或进行焚烧等无害化处理。

工作人员进入生产区，应更换专用的消毒工作服、鞋帽，在紫外线杀菌灯下照射消毒后进入。供人用的消毒池，可放置消毒液湿润的踏脚垫，人员脚踩踏脚垫进行消毒，其尺寸通常为长 2.5m、宽 1.3m、深 6cm。

二、建立健全的防疫体制

根据《中华人民共和国动物防疫法》设立由防疫负责人和畜牧、兽医技术人员组成的防疫小组；明确防疫职责，由兽医制定本场全年兽医卫生防疫检疫工作计划，监督防疫制度的贯彻落实，负责日常羊群的健康检查、免疫、驱虫、治疗及疫病监测；定期检查羊场的卫生情况。饲养员应严格执行卫生防疫制度，每天巡视羊舍，发现异常立即报告兽医，积极配合兽医做好检疫、消毒等工作，定期灭鼠、灭蚊蝇等；建立并加以落实引种隔离制度、门卫卫生消毒制度、场区消毒制度、生产车间卫生消毒制度等健全的卫生防疫制度；同时建立兽医诊断室，完善诊断工作所需的基本设备，建立防疫档案、诊断记录、病历表等档案资料。

为防止疫病传入，各区应严格分隔且人员不得互串；本场工作人员和饲养员进入生产区需更换工作服和鞋，消毒或淋浴后方可入内；无关人员不得进入羊场，原则上谢绝参观，必要的参观者经换鞋和工作服并经消毒后方可入内；场外运输车辆、用具等不准进入生产区，出售种羊、育肥羊时必须在生产区外进行。场内各区羊舍的用具、饲养员的工作服和鞋要严格分开，固定使用并定期消毒。

三、加强饲养管理，建立疫病诊断和预警系统

集约化、规模化的养羊模式使得通过呼吸道传播的疫病以及由于饲养环境恶劣而出现的疫病不断增加。北方冬季寒冷，羊舍面临通风和保温相互矛盾的问题；南方春夏季多雨潮湿，容易导致饲草（料）霉变，使肉羊霉菌毒素中毒。消化道和呼吸道是羊场疫病传播的主要方式，不清洁的饲料和饮水也是引起传染病发生的原因。

规模化舍饲羊场疫病的防控不仅仅是控制某几种疫病的发生，还须从遗传、营养、环境、气候及饲养管理等不同角度控制疫病的发生和发展，确保规模化羊场的生产安全。保证合理的饲养管理是控制疫病发生的基础条件，应牢固树立"养重于防"、"防重于治"的观念。饲养过程中要保证饲料原料的质量，不能用掺假、

霉变、虫蛀、冰冻的饲料原料配制饲料。配制饲料要按照饲养标准合理搭配，力求营养平衡，要尽量满足不同生长阶段羊群的采食量。保证饮水清洁卫生，从而保持羊群良好的健康体况，使机体的抵抗力不断增强。要创造良好的环境条件，尤其是产房和羔羊保育舍更要多加重视。在转群、分群、接种、饲料更换等过程中，要尽量减少营养、环境、饲喂方式等因素造成的应激。要做到饲养管理标准化、制度化、常规化。

规模化养殖场应加强与当地农业部门的联系，随时掌握疫病流行的信息，针对不同情况及时采取相应的措施，防止疫病的发生。养殖场除了建立科学的免疫程序之外，还必须拥有完善的检测手段，监控羊群的免疫水平。工作人员应详细记录整个羊群的健康状况，出现可疑病例应及时送检。定期在羊群中按一定比例采血进行各种疫病的监测普查工作，同时做好资料的收集、登录、分析工作。对传播速度快、发病率及死亡率高的疫病必须在短时间内确诊，并采取有效措施予以控制。

四、做好羊场废弃物处理工作

圈舍粪便应及时清除，将粪便集中堆积发酵处理（图 6-18），利用生物热杀灭各类虫体和虫卵。粪便堆场和污水池等应设在生产及生活区的下风向，距羊舍100m 以上，离功能性地表水源 400m 以上。设立固定的羊粪储存、堆放设施和场所（堆粪场或沼气池等），堆粪池与羊场污道相通，一般为砖混结构，高度为 50～80cm，顶部敞口便于覆盖。底部和四壁水泥抹面，防渗处理。堆粪池要有足够的容量，容积可以按每 100 只羊 40m³ 进行设计建设。储存场所要有防雨、防止粪液渗漏和溢流措施。大型养羊场建议采用自动刮粪机（图 6-19）进行粪污收集工作，大大节省了人力，固液分离的方式也减少了环境的污染。配备焚尸设备或化尸池等处理病死羊。生产和生活污水采用暗管收集，集中处理，达标排放。粪污处理及排放应符合《畜禽粪便无害化处理技术规范》（GB/T 36195—2018）及《畜禽养殖业污染排放物标准》（GB 18596—2001）等相关规定。

图 6-18 堆粪场（彩图请扫封底二维码）

图 6-19　自动清粪设备（彩图请扫封底二维码）

参 考 文 献

蔡丽媛. 2015. 集约化羊舍的环境控制及热应激对山羊瘤胃发酵的影响. 华中农业大学博士学位论文.

王雅军. 2016. 羊舍环境控制若干措施. 中国畜禽种业, 12(3): 102.

中华人民共和国农业部. 农医发[2017]25 号 病死及病害动物无害化处理技术规范.

DB32/T 3299—2017 肉羊塑料大棚舍饲技术规程.

GB 18596—2001 畜禽养殖业污染物排放标准.

GB/T 19165—2003 日光温室和塑料大棚结构与性能要求.

GB/T 36195—2018 畜禽粪便无害化处理技术规范.

HJ 497—2009 畜禽养殖业污染治理工程技术规范.

NY 5027—2008 无公害食品　畜禽饮用水水质.

NY/T 1168—2006 畜禽粪便无害化处理技术规范.

NY/T 388—1999 畜禽场环境质量标准.

NY/T 473—2016 绿色食品　畜禽卫生防疫准则.

NY/T 682—2003 畜禽场场区设计技术规范.

第七章　羔羊育肥的生物安全管理

第一节　规　范　引　种

一、国际引种

从国外引种应符合中华人民共和国《进出境种羊检疫操作规范》（SN/T 1997—2007）要求，大致操作程序如下：在种羊进境前 30 天，货主或其代理人须持《许可证》向进境口岸和目的地检验检疫机构报检。种羊进境到达目的地，货主出具输出国官方检验检疫机构出具的种羊检疫证书（正本），核对种羊数量、收发货人、输出国官方检验检疫机构的兽医官签字与官方检验检疫机构的印章后进入隔离场，隔离场应当符合《进境牛羊指定隔离场建设要求》（SN/T 4233—2015）标准要求，进口种羊隔离检疫期为 45 天。种羊经国内相关检疫机构检疫合格并出具《入境货物检验检疫证明》，填写《进口种羊流向表》，连同隔离检疫总结报国家质量监督检验检疫总局（现国家市场监督管理总局），并抄送目的地检验检疫机构。

二、国内引种

科学制订引种计划，避免盲目引进，导致发病死亡，造成损失。要注意本地气候环境与羊只引进地气候环境的差别，原则上选择气候、地形、饲养方式和饲养管理水平与本地差异不大的地区引种，这样羊才能尽快适应新环境，缩短驯养时间，避免发病甚至死亡。另外，应认真查阅资料，听取各方面意见，特别是畜牧专业技术人员的意见（王凤春，2019）。

选择合适的引种季节。夏季高温多雨，相对湿度大，羊怕热又怕潮湿，长途运输羊易发生中暑甚至死亡，此时不宜进行引种。春季和秋季气候温暖，雨相对较少，地面干燥，饲草丰富，最适宜引进羊只。如果冬夏季必须引进羊只，要选择与本地气候环境差别不大的地区就近引进。此外，寒冷地区不要到相对温暖地区引进羊只，温暖地区也不要到寒冷地区引进羊只，以免造成不必要的经济损失。

充分了解引种地区疫病情况，避免引进后发生传染病，造成经济损失。引种前要先调查了解产地疫病情况，严禁从疫区引种，引进羊要"三证"（场地检疫证、运输检疫证和运载工具消毒证）齐全。引进羊只经过运输，会因地区气候差异、饲养管理方式改变等出现不同程度应激反应，常常表现为感冒、肺炎、口疮、腹泻、流产等，所以要仔细观察，发现异常变化及时处理。

注意圈舍卫生，加强饲养管理。引进羊只隔离饲养半个月以上未出现异常，方可与原有的羊混养。进舍前羊群要进行免疫接种，增强羊只抵御疫病的能力，并对羊群进行一次全面的驱虫。切忌在饲养过程中，随时随意地从外地或其他羊群购羊补充。

第二节　生物安全

羊场生物安全的中心思想是隔离、消毒和疫苗免疫；关键控制点是对人、羊群和环境的控制，最后达到建立防止病原入侵的多屏障的目的。对于羊场而言，生物安全包括两个方面：一是外部生物安全，把病原微生物进入羊场的可能性降到最低；二是内部生物安全，防止病原微生物在羊场内水平传播，降低病原微生物在羊场从病羊到易感羊群传播的可能性。

一、场外生物安全

羊场应选择地势高且平坦，向阳，冬季背风，通风良好，供电和交通方便，水源充足，排水通畅的地方，并应远离铁路和公路干线、城镇和其他公共设施1000m 以上，特别应远离屠宰场、肉类加工场、畜禽交易市场和皮毛加工场等疫病病原较多的单位（杨保田，2006）。从外部引进羊群要严格检疫和隔离，确保安全后才能混群饲养。

定期消毒是切断疫病传播途径、杀灭或清除存活在羊体表病原体的有效办法。经常消毒能减轻外界病原对羊群的压力，还能使疫苗效力充分发挥。羊场外部人员进入羊场实行严格的消毒制度，羊场外的饲料、车辆、草料等进入羊场也要进行严格的消毒，把外部病原微生物进入羊场的可能性降到最低（黄明睿等，2016）。

在生产区入口，应设有车辆消毒的消毒池或喷雾消毒机。消毒池结构坚固，以使其能承载通行车辆的重量。消毒池还必须不透水、耐酸碱。池底要有一定坡度，池内设排水孔，以便于更换消毒药液。池子的尺寸应以车轮间距确定，长度以 1.5 个车轮周长为宜，池深应以浸没半只轮胎为宜。消毒药要定期更换，以保证一定的药效。消毒池的一般尺寸为：长 3.5m，宽 2.8m，深 0.15m。

二、场区生物安全

场内布局生产区、生活区和管理区应严格隔离开，生产区应建在地势较高的上风头，种羊舍应建在生产区的上风头并与其他羊舍隔开。不同饲养阶段的羊群最好分开饲养。羊场最好采用自来水或自建机井水塔，输水管道直通各栋羊舍，不用场外池塘、湖泊和河水，以防水体污染。羊场四周应建有围墙和防疫沟，防止闲杂人员和其他动物进入，粪尿池和发酵池应设在围墙外的下风口。场内道路应分为净道和污道，并尽量不重叠交叉。羊场应配备专业的兽医技术人员，兽医室内应配置常用的药物和医疗器械，配备冷藏和冷冻冰箱，以方便不同疫苗保存。兽医技术人员要定期注意疫苗和药物的保存时间及有效期，以免保存不当导致失效和使用过期的疫苗及药物。场区大门应建有消毒池，为做好羊场防疫，羊场的生产区只能有一个出入口，必须杜绝非生产人员和车辆进入生产区，主场门口设消毒池和更衣室（张艳舫和闫振富，2012）。饲料库和装羊台设在生活管理区，紧靠场外道路，卸料和装羊的车辆仅在场外停靠，不得进入生产区；羊舍的一切用具不得带出场外，各羊舍的用具不得混合使用；严格控制外来人员进入场内，必须进入场内的人员要与进入生产区的工作人员同等对待。进入羊场的车辆必须进行消毒，工作进入生产区的人员进入生产区时，将手用肥皂洗净后浸于消毒液（如洗必泰或新洁尔灭等溶液）内 3～5min，清水冲洗后抹干，然后穿上生产区的胶鞋或其他专用鞋，通过脚踏消毒池进入生产区；外来参观人员进入生产区要进行紫外线消毒和消毒药喷雾消毒后通过脚踏消毒池进入生产区。喷雾消毒的药物应对人不具有毒性，且在入口处应设置红外感应装置，只要有人进入就自动开启进行强制性消毒。在羊场的布局上，疾病隔离舍也必不可少，将疑似传染病的羊及时挑拣出来转到隔离区进行饲养观察，减少疾病传播的机会。对隔离区要进行定期消毒，避免疾病传播。为了更好地进行羊场疫病防控，在羊舍建设上宜采取漏缝地板和自动化刮粪机，以便于粪、尿通过漏缝地板掉下来被刮粪机及时清理，净化了羊舍卫生条件，减少了疾病发生的可能性（王双林等，2011；王慧娟，2017；邱阳等，2018；杨丽梅，2018）。

三、羊舍生物安全

消毒是贯彻"预防为主"方针的一项重要措施，其目的是消灭传染源散播于外界环境中的病原微生物，切断传播途径，阻止疫病继续蔓延。生产区与畜舍入口处设消毒池和更衣室，本场工作人员和饲养员进入生产区时，要更换工作服和鞋。无关人员禁止入内，谢绝参观；确需参观者，应更换衣服和鞋，并经消毒才可入内。饲养人员不准串走，用具、设备要固定。消毒池内的消毒液应定期更换，保证有效浓度（郝飞等，2012）。羊场应建立切实可行的消毒制度，定期对羊舍、地面土壤、粪便、污水、皮毛等进行消毒。

1. 羊舍消毒

定期对羊舍进行消毒，最好每 10～15 天消毒一次。一般分两个步骤进行：第一步先进行机械清扫，第二步用消毒液消毒。机械清扫是做好羊舍环境卫生最基本的一种方法。据试验，采用清扫方法，可使畜舍内的细菌数减少 20% 左右，如果清扫后再用清水冲洗，则畜舍内的细菌数可减少 50% 以上，清扫、冲洗后再用药物喷雾消毒，畜舍内的细菌数可减少 90% 以上。用化学消毒液消毒时，消毒液的用量，以羊舍内每平方米面积用 1L 药液计算。常用的消毒药有 10%～20% 石灰乳、10% 漂白粉溶液、0.5%～1.0% 菌毒敌、0.5%～1.0% 二氯异氰尿酸钠、0.5% 过氧乙酸等。消毒方法是将消毒液盛于喷雾器内，先喷洒地面，然后喷墙壁，再喷天花板，最后再开门窗通风，用清水刷洗饲槽、用具，将消毒药味除去。如羊舍有密闭条件，可关闭门窗，用甲醛熏蒸消毒 12～24h，然后开窗通风 24h。甲醛的用量为每立方米空间用 1.25～50.0ml，加入等量水一起加热蒸发；无热源时，也可加入高锰酸钾（每立方米用 30g），即可产生高热蒸发。在一般情况下，羊舍消毒每年可进行两次（春、秋各一次）。产房的消毒，在产羔前应进行一次，产羔高峰时进行多次，产羔结束后再进行一次。在病羊舍、隔离舍的出入口处应放置浸有消毒液的麻袋片或草垫；消毒液可使用 1% 菌毒敌（对病毒性疾病）或 10% 克辽林溶液（对其他疾病）（杜光波等，2017）。

2. 地面土壤消毒

土壤表面可用 10% 漂白粉溶液、4% 甲醛或 10% 氢氧化钠溶液消毒。停放过芽孢杆菌所致传染病（如炭疽）病羊尸体的场所，应严格加以消毒，首先用上述漂白粉澄清液喷洒地面，然后将表层土壤掘起 30cm 左右，撒上干漂白粉，并与土混合，将此表层土妥善运出掩埋。其他传染病所污染的地面土壤，则可先将地面翻一下，深度约 30cm，在翻地的同时撒上干漂白粉（用量为每平方米面积 0.5kg），然后以水洒湿，压平。如果放牧地区被某种病原体污染，一般利用自然因素（如阳光）来消除病原体；如果污染的面积不大，则应使用化学消毒药消毒（栾兴贵，2018）。

3. 污水消毒

常用的方法是将污水引入污水处理池，加入化学药品（如漂白粉或其他氯制剂）进行消毒，用量视污水量而定，一般 1L 污水用 2～5g 漂白粉（王丽娟，2017；钟纯燕等，2019）。

四、人员控制

1. 外来人员

养殖场应尽量避免外来人员进入。外来人员确需进入养殖场，须经厂方批准后方可进入。进入场区要进行登记，并将登记册保留 1 年以上。外来人员进入场区须走专用通道。若确需进入生产区，还须淋浴、换工作服后方可入内；若无淋浴条件，则须换上消毒好的工作服或防护服后方可入内。

2. 饲养人员

养殖场的饲养人员应符合相应的健康要求。饲养人员应尽量避免进入其他养殖场、屠宰场及畜禽交易市场，远离养殖场外病畜等污染源，避免病原微生物的带入；饲养人员家中应尽量避免饲养与本养殖场同种动物，以及犬、猫等相关传染病的中间宿主。

3. 生产区工作人员

生产区所有工作人员都应纳入生物安全控制的范围，不应有特殊或例外情况存在。通常，人员在进入生产区之前，应清洗双手，穿戴固定的工作帽、工作服、胶靴，方可入生产区；条件许可时，可淋浴后更换衣物进入生产区；人员进入羊舍前要对双手和鞋底进行消毒；各个功能区域间人员保持相对固定，专人专岗，不得串岗，尽量避免交叉流动，防止疫病交叉传染。生产区所有人员应定期进行健康检查，防止布鲁氏杆菌病、结核病等人畜共患病交互感染。生产人员外出返岗后应在生活区隔离 1 天后再进入生产区。

4. 技术人员

配种员、兽医等技术人员是畜群的密切接触人群，特别是驻场兽医，经常和病畜接触，是疫病传播的高风险人群，所以，配种员、兽医原则上不得对外开展配种、诊疗活动。配种员、兽医等技术人员在日常的畜群巡查中也应按照不同功能区要求有序进行。通常情况下，巡查方向应遵循从洁净区到非洁净区、从幼龄羊群向成年羊群、从健康群到发病群和隔离区的方向有序进行。

五、药物保健及预防

羊场可能发生的疾病种类较多，有些疾病目前尚无疫苗可以使用，因此防治这些疫病除了加强饲养管理，做好检疫诊断、环境卫生和消毒工作外，应用药物防治也是一项重要措施。羊场常用的药物主要是各种抗生素和驱虫药。羊场应根据检疫诊断结果选择广谱、抗菌活性强的药物定期进行疫病预防和驱虫。对各阶段的羊群实施药物保健预防，脉冲式给药能有效地控制病毒性引发的细菌继发感染和细菌原发性疾病，对预防呼吸道病、消化道病尤为重要。定期进行药敏试验，筛选出高敏药物对控制疾病事半功倍，可减少药费开支。母羊产羔当天饮益母草红糖水，并注射广谱抗生素和催产素，促进子宫复原，预防产后感染。羔羊吃初乳前滴服黄连素注射液 2ml 或庆大霉素 1ml，3～4 日龄时肌注加硒型牲血素和维生素 B$_{12}$ 各 1ml，10～15 日龄灌服 0.1%高锰酸钾溶液 8～10ml。羔羊补料期间，在料中添加适量土霉素粉或强力霉素粉，预防羔羊肺炎、下痢和营养性贫血。在种羊精料中经常添加维生素 AD$_3$E 粉，在育肥羊料草中定期、定量添加精料以均衡营养。注意预防因冷热交替引起的呼吸道疾病。免疫接种前，全群饮水中添加维生素、电解多维等原料，减少因疫苗免疫而带来的应激反应。炎热夏季，饮水中适当添加抗热应激剂如小苏打、维生素 C、吡啶羟酸铬，供给充足饮水。在药物使用过程中，应严格遵守国家有关规定，注意合理用药和休药期，避免盲目用药及大剂量长期用药，以免造成中毒及药物在羊体内的残留（杨景晃和战汪涛，2018；孙英武，2019）。

六、杀蝇灭鼠

消灭传染病的传播媒介和传染来源，是防疫卫生措施的一项重要内容，羊场附近的垃圾堆、污水沟和乱草丛常是昆虫和老鼠藏身与滋生的场所，因此经常清除垃圾、杂物和乱草，做好羊舍周围的环境卫生，对防治某些传染病具有十分重要的意义。夏季消灭蚊蝇的办法主要是保持羊舍通风良好，经常清除羊舍粪尿，减少蚊蝇滋生的机会，使用杀虫药如敌百虫等，每月在羊舍内外及蚊蝇容易滋生的地方喷洒 1～2 次。消灭羊舍鼠类的方法有：保持羊舍及周围地区的整洁，及时清除饲料残渣，将饲料保藏在鼠类无法进入的仓库内使之得不到食物，可大大减少家鼠的数量；在羊舍建筑方面应注意防鼠的要求，在墙角、地面及门窗等部位力求坚固，发现鼠洞应及时封堵，用捕鼠夹捕杀，使用对羊、人毒性低的鼠药进行毒杀。

七、制订合理的驱虫方案

寄生虫病是危害肉羊养殖发展的重要疫病。羊群一旦感染寄生虫病，轻者会引起羊肉品质不达标，降低养殖场效益；重者危及羊群生命，甚至危及养殖人员的生命安全。寄生虫繁殖力强、生活史复杂、生命力强，养殖人员须坚持针对寄生虫发育史和流行病学中的各个环节，采取综合措施进行驱虫，同时加强饲养管理，引进先进的饲养理念，并对粪便堆积发酵进行无害化处理。羊场一般实施两次综合防治驱虫，第一次春季驱虫应在成虫期前进行，第二次冬季驱虫应在感染后期进行（羊绦虫病在虫体未成熟前驱虫，羊消化道线虫在幼虫感染高峰期时驱虫，而羊狂蝇蛆应在幼虫滞育前驱治）。

对体外寄生虫也可采用药浴或淋浴的方式驱虫。羊在药浴之前需要注意：选择晴朗、暖和、无风的上午进行；药浴前 2h 充足饮水，以防口渴吞饮药液；先浴健康羊，后浴病羊。羊一年进行春、秋两次药浴，第一次在春季剪毛后 7～10 天进行，第二次在深秋进行，视各地防治情况每年只进行一次药浴也可，但所有羊只必须进行秋季药浴（黄明睿等，2016；王超等，2018；李晓波，2019；王卫刚，2019）。

八、发病时的应急措施

凡是检测出的病羊，应视具体情况进行处理，凡是传染病病羊或者可疑羊，应立即隔离，必要时予以扑杀，病羊尸体做无害化处理，发现传染病的羊舍、用具应全面彻底地消毒，羊群使用疫苗进行紧急接种，或者使用药物进行预防性治疗，发现口蹄疫、羊痘、小反刍兽疫等烈性传染病应立即上报，封锁疫点，扑杀病羊，经一个潜伏期不再出现新发病例，经上级兽医主管部门批准并经过彻底消毒后方可解除封锁。

第三节 免疫接种

根据生产实际需要，结合本场疫病流行情况和周围受威胁情况，有计划地进行免疫接种，提高机体的针对性抵抗能力。紧急免疫是在发生传染病时，为了迅速控制和扑灭其流行，而对疫区或受威胁区内尚未发病动物进行的应急免疫接种，可以使用免疫血清或疫苗。在烈性传染病暴发时，在疫区应用疫（菌）苗广泛性紧急接种是一种切实可行的办法，能够取得较好的效果。对疫区和受威胁区内的所有易感羊进行紧急免疫接种，建立免疫档案。紧急免疫接种时，应遵循从受威胁区到疫区的顺序进行免疫。

一、疫苗及免疫接种

定期预防注射是有效控制传染病发生和传播的重要措施，尤其是随着集约化养羊业的发展，"预防为主"的方针更是极为重要（张宗军和郝飞，2015）。在生产中，应根据当地羊群的流行病学特点进行预防注射。一般是在春季或秋季注射"羊快疫、猝狙、肠毒血症"三联菌苗，以及炭疽、布氏杆菌病、大肠杆菌病菌苗等。在缺硒地区，应在羔羊 6 日龄左右注射亚硒酸钠预防白肌病。对受传染病威胁的羊只，应进行相应的预防接种。

口蹄疫 每年春秋季节各免疫一次，注射后 15 日产生免疫力，免疫期为 6 个月。

羊痘鸡胚弱毒苗 用于预防山羊、绵羊痘病，用生理盐水 25 倍稀释，每只羊皮内注射 0.5ml，注射后 6 天产生免疫力，免疫期为 1 年。

羊梭菌病四联氢氧化铝菌苗　用于预防羊快疫、猝狙、肠毒血症、羔羊痢疾，肌内或皮下注射 5ml，免疫期为 6 个月。

羊口疮弱毒细胞冻干苗　用于预防绵羊、山羊口疮病，按每瓶总头份计算，每头份加生理盐水 0.2ml，在阴凉处充分摇匀，每只羊口唇黏膜内注射 0.2ml，免疫期为 5 个月。

羊传染性胸膜肺炎　用于预防山羊、绵羊由肺炎支原体引起的传染性胸膜肺炎，颈部皮下注射，成羊 3ml/只，6 月龄以内的羊 2ml/只，免疫期为 1.5 年。

Ⅱ号炭疽芽孢苗　用于预防绵羊、山羊炭疽病，皮下注射 1ml，注射后 14 天左右产生抗体，免疫期为 1 年。

布氏杆菌羊型 5 号弱毒冻干疫苗　用于预防山羊、绵羊布氏杆菌病，皮下或肌内注射 10 亿活菌；室内气雾，每立方米 50 亿活菌；羊饮用或灌服时，每只羊剂量为 250 亿活菌，免疫期为 1.5 年。

破伤风抗毒素　用于预防和治疗绵羊、山羊破伤风病，皮下或静脉注射，治疗剂量加倍，预防剂量 1 万～2 万单位，免疫期为 2～3 周。

"羊快疫、猝狙、肠毒血症"三联菌苗　用于预防羊快疫、猝狙、肠毒血症，用前每头份杆菌用 1ml 20%氢氧化铝胶盐水稀释，肌内或皮下注射 1ml，免疫期 1 年。

羊流产衣原体油佐剂卵黄囊灭活苗　用于预防羊衣原体性流产，注射时间在羊怀孕前后 1 个月内进行，每只羊皮下注射 3ml，免疫期为 1 年。

羊狂犬病疫苗　用于预防羊狂犬病，根据说明书皮下注射，若羊已被咬伤，可立即用本苗注射 1～2 次，间隔 3～5 天，免疫期为 1 年。

羊链球菌氢氧化铝菌苗　预防绵羊、山羊链球菌病，背部皮下注射，6 月龄以上羊每只 5ml，6 月龄以下羊每只 3ml，3 月龄以下的羔羊第一次注射后最好到 6 月龄后再注射一次，以增强免疫力，免疫期 0.5 年。

羊伪狂犬病疫苗　用于预防羊伪狂犬病，山羊颈部皮下注射 5ml，免疫期 0.5 年。

羔羊痢疾灭活菌苗　用于预防羔羊痢疾，怀孕母羊在分娩前 1 个月皮下注射 2ml，分娩前 10 天皮下注射 3ml，母羊免疫期为 5 个月，乳汁可使羔羊获得被动免疫力（刘峰等，2013；林江山，2016；姜雪，2017；梁丽梅，2018；袁万哲等，2018；徐婷婷等，2019）。

如果该羊场（户）发生过或正在流行某种疾病，可以考虑在配种前或产前加强免疫，以提高羔羊的抵抗力。

二、疫苗免疫的注意事项

使用疫苗前后半个月禁止使用免疫抑制类药物，如地塞米松、氢化可的松等，使用弱毒细菌疫苗前后半个月禁止使用广谱抗生素类药物，对于副反应较大的疫苗，在怀孕后期禁止使用，以免引起流产。为减少疫苗免疫应激反应，避免漏打等因素，建议先把羊群圈起，保定好后再免疫。

参 考 文 献

杜光波, 刘长林, 朱洪岩. 2017. 5 种消毒药对羊舍大肠杆菌的现场消毒效果检测. 中国畜牧兽医文摘, 33(12): 59-60.

郝飞, 张华, 汤德元, 等. 2012. 我国规模化猪场主要病毒性疫病的综合防控对策. 畜牧与兽医, 44(10): 86-89.

黄明睿, 朱满兴, 王锋. 2016. 肉羊标准化高效养殖关键技术. 南京: 江苏凤凰科学技术出版社.

姜雪. 2017. 羊疫苗的注射和消毒剂的使用. 现代畜牧科技, (11): 136.

李晓波. 2019. 羊寄生虫病防制要点. 今日畜牧兽医, 35(7): 44.

梁丽梅. 2018. 羊的免疫程序介绍. 现代农业, (5): 83.

林江山. 2016. 羊养殖场免疫程序分析. 中国畜禽种业, 12(6): 92.

刘峰, 翟亚兰, 郭彦宏. 2013. 羊群的免疫程序、常用疫苗及注意事项. 养殖技术顾问, (9): 167-168.

栾兴贵. 2018. 羊场应强化消毒意识. 畜牧兽医科技信息, (5): 121.

邱阳, 薛萍, 黄金龙. 2018. 规模化羊场生物安全体系的构建. 现代农业科技, (4): 227-228.

孙英武. 2019. 羊群的卫生防疫及保健方式. 畜牧兽医科技信息, (10): 79.

王超, 郭晓智, 张豪豪. 2018. 羊场寄生虫病的危害及其防控技术. 畜禽业, 29(12): 97.

王凤春. 2019. 肉羊引种的注意事项. 畜牧兽医科技信息, (7): 54.

王慧娟. 2017. 规模化肉羊场生物安全体系的建立. 河北农业, (10): 52-55.

王丽娟. 2017. 羊场的消毒防疫技术. 今日畜牧兽医, (3): 41.

王双林, 刘义军, 赵丽莉. 2011. 关于畜禽场生物安全体系中动物福利的一些思考. 中国兽医杂志, 47(10): 91-92.

王卫刚. 2019. 羊寄生虫病的危害及驱虫措施. 中国畜禽种业, 15(7): 93.

徐婷婷, 胡新岗, 孟苏婷, 等. 2019. 适度规模羊场免疫程序的制订. 黑龙江畜牧兽医, (14): 80-83.

杨保田. 2006. 舍饲养羊的羊场建设原则及技术要点. 农村养殖技术, (13): 10-11.

杨景晃, 战汪涛. 2018. 做好羊群保健的七项技术措施. 中国畜牧业, (23): 76-77.

杨丽梅. 2018. 羊病防控生物安全措施. 中国畜牧兽医文摘, 34(3): 137.

袁万哲, 陈福星, 孙继国. 2018. 羊场免疫程序. 北方牧业, (19): 21.

张艳舫, 闫振富. 2012. 舍饲羊场规划与设计的基本要求. 今日畜牧兽医, (3): 58.

张宗军, 郝飞. 2015. 规模化舍饲肉羊场的生物安全体系. 中国畜牧业, (1): 74-75.

钟纯燕, 郝飞, 李文良, 等. 2019. 不同消毒剂对规模化养羊舍内空气细菌的影响. 江苏农业科学, 47(8): 194-197.

SN/T 1997—2008 进出境种羊检疫操作规程.

SN/T 4233—2016 进境牛羊指定隔离场建设要求.

第八章 羔羊育肥的健康管理

规模化养殖场应加强与当地农业部门的联系，随时掌握疫病流行的信息，针对不同情况及时采取相应的措施，防止疫病的发生。养殖场除了建立科学的免疫程序之外，还必须拥有完善的检测手段，监控羊群的免疫水平。工作人员应详细记录整个羊群的健康状况，出现可疑病例应及时送检。定期在羊群中按一定比例采血进行各种疫病的监测普查工作，同时作好资料的收集、登录、分析工作。对传播速度快、发病率及死亡率高的疫病必须在短时间内确诊，并采取有效措施予以控制。

第一节 肉羊健康及其影响因素

肉羊健康受多种因素影响，如环境因素、饲养管理、羊品种、病原因素等，因此肉羊发病与否是多种因素综合作用的结果。

一、饲养管理因素

预防羊病的根本措施之一是加强羊群的饲养管理，以加强和提高羊群的体质及抗病能力。因此，合理的饲养管理是做好羊病防控的重要环节。在冬季到来之前应提前做好秸秆饲料的青贮工作，使得羊群在冬季能够吃上营养丰富的青绿饲料，为了使羊群的营养均衡，有时营养舔砖也是必要的；同时要做好羊群夏季的降温和冬季保暖工作，提高羊群动物福利，尤其要做好冬季的防风保温工作和夏季的防暑降温措施，防止羔羊因温度过低或过高而死亡。总之，提高羊群福利待遇是减少发病的关键因素之一。

二、品种因素

有些羊的品种尤其是当地特色品种对疾病的抵抗力较强，从外地或者境外引进的纯种羊对疾病的抵抗力相对较弱，发病率、发病的严重程度及死亡率明显较高，要引起重视。

三、病原因素

据世界动物卫生组织有关资料报道，羊的主要疫病有 54 种，其中传染病 35 种，寄生虫病 19 种。在 35 种传染病中,病毒性传染病 11 种,细菌性传染病 18 种,其他微生物类传染病 6 种。在羊的 54 种主要疫病中,我国已发现 49 种,另外 5 种羊病情况不明。在我国发现的 49 种羊病中,有 9 种明确属人兽共患病。另外还有营养代谢病、中毒病、产科病和内科病等。

第二节　临床诊断

疫病防治的前提是快速准确的诊断,诊断是防治的前提条件。

羊病诊断就是查明病因,确定病情,为制订合理而有效的防治措施提供依据。只有及时准确地诊断,防治工作才能有的放矢,否则往往会盲目行事,贻误时机,以至于造成重大损失。羊场常用的诊断方法有:群体排查、个体诊断、病理剖检、实验室诊断等。由于每种羊病的特点各有不同,所以常需要根据具体情况进行综合诊断,有时只需要用其中的一两种方法就可以及时做出确诊。

临诊诊断时,羊的数量较多,不可能逐一进行检查时应先做大群检查,从羊群中先挑出病羊和可疑病羊,然后再对其进行个体检查。

一、群体排查

运动、休息和采食饮水三种状态的检查,是对羊群进行临诊检查的三大环节;眼看、耳听、手摸、检温是对大群羊进行临诊检查的主要方法。运用“看、听、摸、检”的方法通过“动、静、食”三态的检查,可以把大部分病羊从羊群中检查出来。运动时的检查,是在羊群的自然活动和人为驱赶活动时的检查,从不正常的动态中找出病羊。休息时的检查,是在保持羊群安静的情况下,进行看和听,以检出姿态和声音异常的羊。采食饮水时的检查,是在羊自然采食、饮水时进行的检查,以检出采食饮水有异常表现的羊。“三态”的检查可根据实际情况灵活运用。

1. 休息时的检查

首先,有顺序地并尽可能地逐只观察羊的站立和躺卧姿态,健康羊吃饱后多合群卧地休息,时而进行反刍,当有人接近时常起身离去。病羊常独自呆立一侧,肌肉震颤及痉挛,或离群单卧,长时间不见其反刍,有人接近也不动。其次,与运动时的检查一样,要注意羊的天然孔、分泌物及呼吸状态等。再次,注意被毛状态,如发现被毛有脱落之处、无毛部位有痘疹或痂皮时,以及听到磨牙、咳嗽或喷嚏声时,均应剔出来检查。

2. 运动时的检查

首先，观察羊的精神外貌和姿态步样。健康羊精神活泼，步态平稳，不离群、不掉队。而病羊多精神不振、沉郁或兴奋不安，步态踉跄，跛行，前肢软弱跪地或后肢麻痹，有时突然倒地发生痉挛等。应将其挑出做体检查。其次，注意观察羊的天然孔及分泌物。健康羊鼻镜湿润，鼻孔、眼及嘴角干净；病羊则表现鼻镜干燥，鼻孔流出分泌物，有时鼻孔周围污染脏土杂物，眼角附着脓性分泌物，嘴角流出唾液，发现这样的羊，应将其剔出复检。

3. 采食饮水时的检查

采食饮水时的检查是在放牧、喂饲或饮水时对羊的食欲及采食饮水状态进行的观察。健康羊在放牧时多走在前头，边走边吃草，饲喂时也多抢着吃；饮水时，多迅速奔向饮水处，争先喝水。病羊吃草时，多落在后边，时吃时停，或离群停立不吃草；饮水时或不喝或暴饮，如发现这样的羊应予剔出复检。

二、个体诊断

诊断羊病最常用的方法是通过问诊、视诊、嗅诊、切诊（触、叩诊）和听诊，综合起来加以分析，可以对疾病做出初步诊断。

1. 问诊

问诊是通过询问畜主，了解羊发病的有关情况，包括发病时间、头数、病前病后的表现、病史、治疗情况、免疫情况、饲养管理及羊的年龄等。

2. 视诊

视诊是通过观察病羊的表现，包括羊的肥瘦、姿势、步态、被毛、皮肤、黏膜、粪尿等。

（1）步态：健康羊步伐活泼而稳定。羊患病时，常表现行动不稳，或不喜行走。当羊的四肢肌肉、关节或蹄部发生疾病时，则表现为跛行。

（2）肥瘦：一般急性病，如急性臌胀、急性炭疽等病羊身体仍然肥壮；相反，一般慢性病如寄生虫病等，病羊身体多瘦弱。

（3）姿势：观察病羊一举一动，找出病的部位。

（4）黏膜：健康羊可视黏膜光滑、粉红色。若口腔黏膜发红，多半是由于体温升高，身体有炎症。黏膜发红并带有红点、血丝或呈紫色，是由于严重的中毒或传染病引起的；苍白色，多为贫血病；黄色，多为患黄疸病；蓝色，多为肺脏、心脏患病。

（5）被毛和皮肤：健康羊的被毛平整而不易脱落，富有光泽。在病理状态下，被毛粗乱蓬松，失去光泽，而且容易脱落。患螨病的羊，被毛脱落，皮肤同时变厚、变硬，出现蹭痒和擦伤。还要注意有无外伤等。

（6）采食饮水：羊只食欲的好坏，直接反映出羊全身及消化系统的健康状况。羊喜欢舐泥土、草根等嗜癖，是慢性营养不良的表现；羊的采食、饮水减少或停止，首先要查看口腔有无异物、口腔溃疡等；反刍减少或停止，往往是羊的前胃疾病；食欲废绝，说明病情严重。健康羊，通常鼻镜湿润，饲喂后 30min 开始反刍，每次反刍时间维持在 30～40min，每个食团咀嚼 50～70 次，每昼夜反刍 6～8 次。若羊只出现鼻镜干燥，反刍减少或停止，多见于高热、严重的前胃及真胃疾病或肠道炎症。热性病的初期，常表现出食欲增加。

（7）粪尿：主要检查其形状、硬度、色泽及附着物等。粪便过干，多为缺水和肠弛缓；过稀，多为肠机能亢进；混有黏液过多，表示肠黏膜卡他性炎症；含有完整谷粒，表示消化不良；混有纤维素膜时，示为纤维素性肠炎；胃肠炎时，粪便腥臭或恶臭；消化不良时，呼气有酸臭味等。检查是否含有寄生虫及其节片。排尿痛苦、失禁表示泌尿系统有炎症、结石等。

（8）呼吸：健康羊每分钟呼吸 10～20 次。呼吸次数增多，常见于急性和热性病、呼吸系统疾病、心衰、贫血及腹压升高等；呼吸减少，主要见于某些中毒、代谢障碍昏迷。

3. 嗅诊

嗅闻分泌物、排泄物、呼出气体及口腔气味。

4. 触诊

触诊是用手感触被检查的部位，并加压力，以便确定被检查的各器官组织是否正常。

（1）体温：健康羊体温一般在 38～39.5℃。一般幼羊体温高于成年羊；热天高于冷天；下午高于上午；运动后高于运动前。给羊检查体温时，可以先用手摸羊耳朵或插进羊嘴里握住舌头，检查是否发烧，再用体温计在羊直肠测量，高温常见于传染病。

（2）脉搏：注意每分钟跳动次数和强弱等。

（3）体表淋巴结：当羊发生结核病、伪结核病、羊链球菌病时，体表淋巴结往往肿大，其形状、硬度、温度、敏感性及活动性等都会发生变化。

5. 听诊

听诊是利用听觉来判断羊体内正常的和患病的声音（须在清静的地方进行）。

（1）心脏：心音增强，见于热性病的初期；心音减弱，见于心脏机能障碍的后期或患有渗出性胸膜炎、心包炎；第二心音增强时，见于肺气肿、肺水肿、肾炎等病理过程中。听到其他杂音，多为瓣膜疾病、创伤性心包炎、胸膜炎等。

（2）肺脏：①肺泡呼吸音。过强，多为支气管炎、黏膜肿胀等；过弱，多为肺泡肿胀、肺泡气肿、渗出性胸膜炎等。②支气管呼吸音。在肺部听到，多为肺炎的肝变期，见于羊的传染性胸膜肺炎等病。③啰音。分干啰音和湿啰音。干啰音甚为复杂，有咝咝声、笛声、口哨声及猫鸣声等，多见于慢性支气管炎、慢性肺气肿、肺结核等。湿啰音似含漱音、沸腾音或水泡破裂音，多发生于肺水肿、肺充血、肺出血、慢性肺炎等。④捻发音。多发生于慢性肺炎、肺水肿等。⑤摩擦音。多发生在肺与胸膜之间，多见于纤维素性胸膜炎、胸膜结核等。

（3）腹部：主要听取腹部胃肠运动的声音。前胃弛缓或发热性疾病时，瘤胃蠕动音减弱或消失；肠炎初期，肠音亢进；便秘时，肠音消失。

6. 叩诊

叩诊有清音、浊音、半浊音、鼓音。清音，为叩诊健康羊胸廓所发出的持续、高而清的声音。浊音，当羊胸腔积聚大量渗出液时，叩打胸壁出现水平浊音界。半浊音，羊患支气管肺炎时，肺泡含气量减少，叩诊呈半浊音。鼓音，若瘤胃膨气，则鼓响音增强。

第三节　病理剖检

病理剖检是对羊病进行现场诊断的一种方法。羊发生了传染病、寄生虫病及中毒性疾病时，病羊的器官组织常呈现出特征性病理变化，通过剖检便可快速做出诊断。临诊剖检时，除了肉眼观察外，在必要时可采集病料进行病理组织学及微生物学检查。

一、尸体剖检注意事项

剖检所用器械要预先高压灭菌。剖检前应对病死羊或病变部位进行仔细检查，如怀疑炭疽时，应先采耳尖血涂片镜检，排除炭疽后方可进行剖检。剖检时间越早越好，一般在死亡 24h 以内，特别是夏季，尸体腐败后影响观察和诊断。剖检时应注意环境清洁，注意消毒，尽量减少对周围环境和衣物的污染，并注意做好个人防护。剖检后将尸体和污染物做深埋处理，在尸体上撒上生石灰或 10% 的石灰乳、4% 氢氧化钠溶液等消毒剂。污染的表层土壤铲除后投入坑内，埋好后对埋尸地面要再次消毒。

二、剖检方法和程序

为了全面系统地观察尸体内各组织、器官所呈现的病理变化，尸体剖检必须按照一定的方法和程序进行，具体如下。

1. 外部检查

外部检查主要包括羊的品种、性别、年龄、毛色、营养状况、皮肤等一般情况的检查，以及口、眼、鼻、耳、肛门及外生殖器等天然孔检查，并注意可视黏膜的变化。

2. 剥皮及皮下检查

（1）剥皮方法：尸体仰卧固定，由下颌间隙经过颈、胸、腹下（绕开阴茎或乳房、阴户）至肛门作一纵切口，再由四肢系部经内侧至上述切线作 4 条横切口，然后剥离全部皮肤。

（2）皮下检查：应注意检查皮下脂肪、血管、血液、肌肉、外生殖器、乳房、唾液腺、舌、眼、扁桃体、食管、喉、气管、甲状腺、淋巴结等的变化。

3. 腹腔的剖开与检查

（1）腹腔的剖开与腹腔器官的取出。剥皮后使尸体左侧卧位，从右侧肋窝部沿肋骨弓至剑状软骨切开腹壁，再从髋关节至耻骨联合切开腹壁。将这三角形的腹壁向腹侧翻转即可暴露腹腔。检查有无肠变位、腹膜炎、腹水、腹腔积血等异常。在横膈膜之后切断食管，用左手插入食道向后牵拉，右手持刀将胃、肝脏、脾脏背部的韧带和后腔静脉、肠系膜根部切断，即可取出腹腔脏器。

（2）胃的检查。从胃小弯处瓣皱胃孔开始，沿瓣胃大弯、网瓣胃孔、网胃大弯、瘤胃背囊、食管、右侧沟线路切开，同时注意内容物的性质、数量、质地、颜色、气味、组成及黏膜的变化，特别应注意皱胃的黏膜炎症和寄生虫、瓣胃的阻塞状况、瘤胃内容物的状态，以及网胃内的异物、刺伤或穿孔等。

（3）肠道的检查。检查肠外膜后，沿肠系膜附着缘对侧剪开肠管，重点检查内容物和肠系膜，注意肠内容物的质地、颜色、气味和黏膜的各种炎症变化。

（4）其他器官的检查。主要包括肝脏、胰脏、脾脏、肾脏、肾上腺等，重点注意这些器官的颜色、大小、质地、形状、表面、切面等有无异常变化。

4. 骨盆腔器官的检查

除输尿管、膀胱、尿道外，重点检查公羊的精索、输精管、腹股沟、精囊腺、前列腺、外生殖器官，母羊的卵巢、输卵管、子宫角、子宫体、子宫颈与阴道。重点检查这些器官的位置及表面和内部的异常变化。

5. 胸腔器官的检查

割断前腔静脉、后腔静脉、主动脉、纵隔和气管等与心脏、肺脏的联系后，即可将心脏和肺脏一同取出。检查心脏时应注意心包液的多少、颜色，心脏的大小、形状、软硬度、心室和心房的充盈度、心内膜和心外膜的变化。检查肺脏时，重点注意肺脏的大小变化、表面有无出血点和出血斑、是否发生实变、气管和支气管内有无寄生虫等。

6. 脑的取出与检查

先沿两眼的后沿用锯横向锯断，再沿两角外缘与第一锯相连锯开，并于两角的中间纵锯一正中线，然后两手握住左右角用力向外分开，使颅顶骨分成左右两半，即可露出脑。应注意检查脑膜、脑脊液、脑回和脑沟的变化。

7. 关节的检查

尽量将关节弯曲，在弯曲的背面横切关节囊。注意囊壁的变化，确定关节液的数量、性质及关节面的状态。

第四节　病 料 采 集

一、病料采集及注意事项

1. 采集病料的器械要严格进行灭菌

除病理组织学检验材料及胃肠内容物等以外，其他病料均以无菌方式采集，故采样工具均应灭菌。采集病料时所用的刀、剪、镊、注射器等金属或玻璃器械可用高压灭菌或干烤灭菌；软木塞、橡皮塞可置于 0.5%苯酚溶液或 1%碳酸钠溶液中煮沸 10min 消毒。载玻片经酸碱处理后洗涤擦干备用。

2. 病料采集要及时

病羊死后应立即采样，最好不超过 6h。如果拖延过久，组织易发生变性和腐败，不仅有碍病原微生物的检出，而且影响病理组织学检验。

3. 取材要可靠

如有数只羊发病，取材时应选择症状和病变典型、有代表性的病例，从处于不同发病阶段的病羊采集病料。取材动物最好未经抗菌药治疗，否则会影响微生物学或寄生虫学的检验结果。

4. 防止感染和散菌（毒）

如怀疑病死羊感染了炭疽杆菌、巴氏杆菌、结核杆菌、布氏杆菌或口蹄疫病毒等烈性病原时，采集病料要特别注意防止病原再次感染和扩散。尤其怀疑炭疽时，则禁止剖检，严防炭疽杆菌污染环境。

5. 取材要合理

不同的疾病要求采取的病料也不同。怀疑哪种疾病，就应按照哪种疾病的要求取材，要做到取样和送检目的一致。例如，传染病，可采取心、肝、脾、肺、肾、淋巴结等；肠毒血症，常采取回肠、结肠前段及内容物；羊布氏杆菌病，常采取胎儿、胃内容物及羊水、胎膜、胎盘的坏死部分；有神经症状的传染病，如狂犬病、李氏杆菌病，主要采集脑、脊髓液等；如果不能确定是何种疾病，就应全面取材，也可按照临诊症状和病理剖检变化对取样有所侧重。若动物已死亡，可在右心室采血，先用烧红的烙铁或刀片烫烙心肌表面，再用注射器从烫烙处插入，吸取血液。

6. 病料采集顺序

为了减少污染机会，应先采取微生物学检验材料，然后再采集病理组织学材料。应将每种微生物学材料分别装入不同的灭菌器皿中，而且每采一种病料，需更换一套无菌器械。器械不足时，可将用过的器械用酒精棉擦拭干净，然后在火焰上充分消毒，待冷却后可用来采取另一种病料。

7. 做好病料采集登记工作

剖检取材之前，应先对病情、病史加以了解和记录。病料采集后，应及时做好记录。

二、病料的保存

病料采取后，如不能立即检验，应加入适量的保存剂，使其尽量保持新鲜状态。

1. 细菌检验材料的保存

将采取的脏器组织块保存于饱和氯化钠溶液中或30%甘油缓冲盐溶液中，容器加塞密封。

2. 病毒检验材料的保存

将采取的脏器组织块保存于 50% PBS 液（磷酸盐缓冲溶液）（pH7.2）中或鸡蛋生理盐水中，容器加塞密封。

3. 病理组织学检验材料的保存

脏器组织块放入 10%甲醛溶液中或 95%乙醇中固定；固定液的用量应为病料量的 10 倍以上。如用 10%甲醛溶液固定，应在 24h 后换液一次。严寒的冬季为防止病料冻结，可将上述固定好的组织块取出，保存于甘油和 10%甲醛的等量混合液中。

三、病料的运送

装病料的容器要一一标记，详细记录，并附病料送检单。病料包装要求安全稳妥，对危险材料、怕热或怕冻的材料，要分别采取措施。一般供病原学检测的病料怕热，供病理学检测的病料怕冻。前者在运送时要用加有冰块的保温瓶送检；如无冰块，可在保温瓶内放入氯化铵 450～500g，加水 1500ml，上层放置病料，这样使保温瓶内保持 0℃达 24h。包装好的病料要尽快运送，长途以空运为宜。

第五节　实验室诊断

羊的个体或群体发生疫病时，有时凭临诊诊断和病理剖检仍不能确诊，常常需要采集病料进行实验室诊断。实验室诊断是羊病综合诊断的重要方法，它往往是在流行病学调查、临诊诊断及病理剖检的基础上进行的，是确诊羊病的重要手段之一。羊病实验室诊断的一般程序和方法如下。

一、病毒学检验

以无菌手段采集的病料组织，用 PBS 液反复冲洗 3 次，然后将组织剪碎、研磨，加 PBS 液制成 1∶10 悬液（血液或渗出液可直接制成 1∶10 悬液），以 2000～3000r/min 的速度离心沉淀 15min，每毫升加入青霉素和链霉素各 100 万 IU，置冰箱中备用。

把样品接种到鸡胚或细胞培养物上进行培养。对分离得到的病毒，用电子显微镜检查，并用血清学试验及动物试验等进行理化和生物学特性的鉴定；或将分离培养得到的病毒液接种易感动物。

二、细菌学检验

1. 涂片镜检

将病料涂于清洁的载玻片上，干燥后在酒精灯火焰上固定，选用单色染色法（如美蓝染色法）、革兰氏染色法、抗酸染色法或其他特殊染色法染色镜检，根据所观察到的细菌形态特征，做出初步诊断或确定下一步检验的步骤。

2. 分离培养

根据所怀疑的传染病病原菌的特点，将病料接种于适当的细菌培养基上，在一定温度（常为35℃）下进行培养，获得纯培养菌后，再用特殊的培养基培养，进行细菌的形态学、培养特性、生化特性、致病力和抗原性鉴定。

3. 动物试验

用灭菌生理盐水将病料做成1∶10悬液，或利用分离培养获得的细菌液感染实验动物，如小鼠、大鼠、豚鼠、家兔等。感染方法可用皮下、肌内、腹腔、静脉或脑内注射。感染后按常规隔离饲养，注意观察，有时还需要对某种实验动物进行体温测量；如有死亡，应立即进行剖检及细菌学检查。

三、寄生虫检验

羊寄生虫病的种类很多，但其临诊症状除少数羊只外都不够明显，诊断往往需要进行实验室检验。

1. 粪便检查

粪便检查是寄生虫病生前诊断的一个重要手段。羊患蠕虫病后，其粪便中可以排出蠕虫的卵、幼虫、虫体及其断片，某些原虫的卵囊、包囊也可通过粪便排出。检查时，粪便应从羊的直肠挖取，或用刚刚排出的粪便。用粪便进行虫卵检查时，常用的方法如下。

（1）涂片法。在洁净的载玻片上滴1～2滴清水，用火柴梗蘸取少量粪便放入其中，涂匀，剔去粗渣，盖上盖玻片，置于显微镜下观察。此方法快速简便，但检出率很低，可多检几个标本。

（2）沉淀法。取羊粪5～10g，放在200ml的烧杯内，加入少量清水，用小棒将羊粪捣碎，再加5倍量的清水调制成糊状，用孔径0.25mm的铜筛过滤，静置15min，弃去上清，保留沉渣。再加满清水，静置15min，弃去上清，保留沉渣。

如此反复 3～4 次，最后将沉渣涂于载玻片上，置于显微镜下检查。该法主要用于诊断虫卵比重大的羊吸虫病。

（3）漂浮法。取羊粪约 10g，加少量饱和盐水，用小棒将羊粪捣碎，再加 10 倍量的饱和盐水搅匀，用孔径 0.25mm 的铜筛过滤，静置 30min，用直径 5～10mm 的铁丝圈，与液面平行蘸取表面液膜，抖落在载玻片上并盖上盖玻片，置于显微镜下检查。该方法能查出多种类的线虫卵和一些绦虫卵，但比重大于饱和盐水的吸虫卵和棘头虫卵效果不明显。

2. 虫体检查法

（1）蠕虫虫体检查法：将一定量的羊粪盛于盆内，加入约 10 倍量的生理盐水，搅拌均匀，静置沉淀 10～20min，弃去清液，再于沉淀物中重新加入生理盐水，如此反复 2～3 次，最后取沉淀物于黑色背景上，用放大镜寻找虫体。如粪中混有绦虫节片，可直接用肉眼观察到如米粒样的白色孕卵节片，有的还能蠕动。

（2）蠕虫幼虫检查法：取被检样的新鲜粪球 3～10 粒，放在平皿内，加入适量 40℃的温水，10～15min 后，取出粪球；将留下的液体放在低倍镜下检查。一般幼虫多附着于粪球的表面，所以幼虫很快会移到温水中而沉于水的底层。此方法常用于羊肺线虫病的检查。

（3）螨虫检查方法：首先剪毛去掉干硬的痂皮，然后用锐利的刀片在患病部位与健康部位的交界处刮去病料（刮的深度以局部微出血为宜）放在烧杯内，加适量 10%氢氧化钾溶液，置室温下过夜或直接放在酒精灯上煮数分钟，待皮屑溶解后取沉渣涂片镜检。也可直接取少许病料于载玻片上，然后加 50%的甘油 2～3滴，盖好盖玻片镜检。后者的检虫率低，需要多取几次样品检查。

第六节 生物学诊断技术

在羊传染病检验中，经常使用免疫学检验法。常用的有凝集反应、沉淀反应、补体结合反应、中和试验等血清学方法，以及用于某些传染病的生前诊断的变态反应等。近年来又研究出许多新方法，如免疫扩散、荧光抗体技术、酶标记技术、单克隆抗体技术和 PCR 诊断技术等（刘湘涛和刘晓松，2011；罗建勋，2018）。

第七节 羔羊常见疾病及防治

早期羔羊的各组织器官功能尚不健全，特别是消化黏膜容易受到细菌的侵袭而发生消化道疾病，吃奶羔羊的瘤胃、网胃功能还处于不完善状态，羔羊胃容积小，瘤胃微生物区系尚未形成，不能完全发挥瘤胃对饲料的降解和消化功能，此时胃的功能基本与单胃动物一样，只能起到真胃的作用。羔羊生长发育可塑性强，外部环境变化能引起机体相应的变化，容易受外界条件的影响而发生变异。羔羊在生后经历了以吸吮母乳为主，到以饲喂精饲料为主，再到以饲喂粗饲料为主的食性变化。在这一过程中，羔羊的消化器官、消化机能和机体的生长与营养代谢特点均发生了巨大变化。

一、羔羊传染性胸膜肺炎

羊传染性胸膜肺炎是由多种支原体引起的一种高度接触性羊传染病，以高热、咳嗽、肺和胸膜发生浆液性或纤维素性炎症为特征（图 8-1，图 8-2），呈急性或慢性经过，病死率较高。

病因 引起羊支原体肺炎的病原体包括丝状支原体山羊亚种、丝状支原体丝状亚种、山羊支原体山羊肺炎亚种和绵羊肺炎支原体。该病原属于柔膜体纲支原体目支原体科支原体属。培养特性呈油煎蛋状，显微观察呈多形性、球杆状或丝状。革兰氏染色阴性，吉姆萨染色多呈蓝紫色或淡蓝色。该类菌对理化因素的抵抗力不强，56℃、40min 能达到杀菌目的。

症状 根据病程分为最急性、急性和慢性三种类型。最急性体温升高达 41～42℃，呼吸急促，有痛苦的叫声，咳嗽并流浆液性带血鼻液，病羊卧地不起，四肢伸直；黏膜高度充血，发绀；目光呆滞，不久窒息死亡。病程一般不超过 4～5 天，有的仅 12～24h。急性型病初体温升高，随之出现短而湿的咳嗽，伴有浆性鼻涕，按压胸壁表现敏感，疼痛，高热稽留不退，食欲锐减，呼吸困难和痛苦呻吟，眼睑肿胀，流泪或有黏液、脓性眼屎；孕羊大批（70%～80%）流产；病期多为 7～15 天，有的可达 1 个月左右。慢性型多见于夏季，全身症状轻微，体温 40℃左右，病羊间有咳嗽和腹泻，鼻涕时有时无，身体衰弱，被毛粗乱无光，极度消瘦。

诊断 根据流行特点、临床表现和病理变化等做出初步诊断，但应与羊巴氏杆菌相区别，可对病料进行细菌学检查鉴别诊断。实验室诊断包括细菌学检查、补体结合试验（国际贸易指定试验）、间接血凝试验（IHA）、乳胶凝集试验（LAT）。

防治 除加强一般措施外，关键是防止引入病羊和带菌羊。新引进羊只必须隔离检疫 1 个月以上，确认健康时方可混入大群。使用疫苗进行免疫接种。该菌对红霉素、四环素、泰乐菌素敏感。对病羊、可疑病羊和假定健康羊分群隔离和治疗；对被污染的羊舍、场地、用具，以及病羊的尸体、粪便等，应进行彻底消毒或无害处理，在采取上述措施的同时需加强护理对症治疗（沈佳，2019）。

图 8-1　肺脏和胸腔粘连（彩图请扫封底二维码）

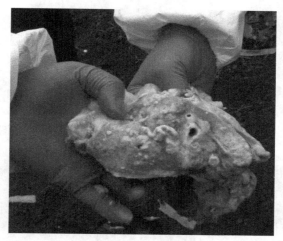

图 8-2　肺脏纤维素性渗出（彩图请扫封底二维码）

二、羔羊施马伦贝格病

羊施马伦贝格病是由施马伦贝格病毒感染引起的一种羊的新型病毒性传染病，病羊临床表现为发热、腹泻、乏力等症状，母羊早产或难产，流产胎儿发育不全、畸形（图 8-3，图 8-4）。该病最早于 2011 年 11 月在德国首次报道。

病因　该病毒首次检出地位于德国的施马伦贝格镇，故命名为施马伦贝格病毒，它属于布尼亚病毒科、正布尼亚病毒属的辛波血清型。病毒可在 BHK-21 细胞复制良好，产生明显的细胞病变。该病毒是一种单链 RNA 病毒，由 3 段基因组成，分别为 S、M、L 基因，编码 5 种结构和非结构蛋白。常用的消毒剂为 1%次氯酸钠、2%戊二醛、70%乙醇、甲醛等。该病毒对温度敏感，56℃、30min 可使其灭活（或毒力明显下降）。

症状　病羊表现为发热、腹泻、乏力等临床症状，新生羔羊出现畸形、小脑发育不全、脊柱弯曲、关节无法活动及胸腺肿大等症状，羔羊多数在出生时就已经死亡。这一病症在绵羊中最为常见，母羊中没有明显的感染症状。该病多发于羔羊出生的高峰季节。

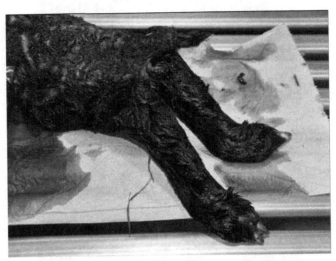

图 8-3　新生羔羊关节弯曲，后肢变形（引自 Steukers et al.，2012）（彩图请扫封底二维码）

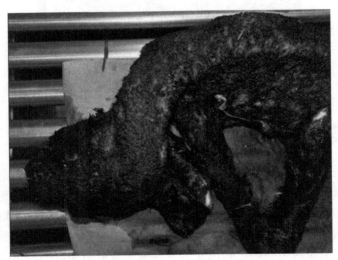

图 8-4　新生羔羊颈部倾斜（引自 Steukers et al.，2012）（彩图请扫封底二维码）

诊断　根据流行特点、症状和病变可做初步诊断，实验室确诊方法有 RT-PCR、病毒中和试验及间接免疫荧光检测。

防治　该病是 2011 年新发现的传染病，目前无针对性防治技术和产品，春季母羊产羔期过后，蚊虫密度较高的夏季是危险期，特别是欧洲已经暴发疫情，要加大检验检疫力度，防止外源性传入，应采取包括消毒在内的综合性生物安全措施进行防控（戈胜强等，2017）。

三、羔羊肠毒血症

羔羊肠毒血症是由 D 型产气荚膜梭菌引起的一种羊的急性传染病，特征为腹泻、惊厥、麻痹和突然死亡。因病羊肠出血（图 8-5），俗称"血肠子病"。

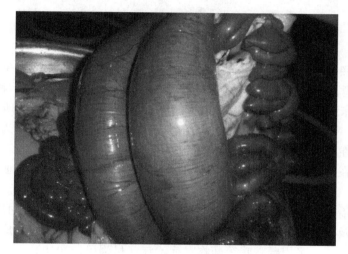

图 8-5　病羊肠出血、臌气（彩图请扫封底二维码）

病因　该病是由 D 型产气荚膜梭菌引起，分类上属芽孢杆菌科梭菌属的成员。该菌为革兰氏染色阳性大肠杆菌，长 2～8μm，宽 1～1.5μm，多为单个存在，有时排列成对或短链，具有圆或渐尖末端。该菌严格厌氧，对营养要求不高，厌氧培养生长繁殖极快，呈汹涌发酵状。

症状　最急性型表现为突然腹泻，随即倒卧在地，目光凝视，呼吸困难，磨牙，口鼻流血，口中流出大量涎水，稀便频繁且量多，四肢僵硬，后躯震颤，呈显著的疝痛症状，一般于 1～2h 内哀叫死亡，严重者高高跃起后坠地死亡。急性型表现为急剧下痢，粪便呈黄棕色（图 8-6）或暗绿色粥状，继而全呈黑褐色稀水；后期表现为肌肉痉挛样神经症状，流涎，上下颌"咯咯"作响。病情缓慢者，起初厌食，反刍、嗳气停止，流涎，腹部膨大，腹痛，排稀粪，粪便恶臭，呈黄褐色，糊状或水样，混有黏液或血丝。

诊断　根据流行特点、临床症状和病理变化可做出初步诊断，确诊需进一步做实验室微生物学检查，以判断肠内容物中有无毒素存在。羊肠毒血症、羊快疫、

图 8-6　病羊拉黄棕色粪便（彩图请扫封底二维码）

羊猝狙、羊黑疫等梭菌性疾病，病程短促、病状相似，在临床上与羊炭疽有相似之处，应注意鉴别诊断。另外，羊肠毒血症与羔羊痢疾、羔羊大肠杆菌病、沙门氏杆菌病在临床均表现为下痢，也应注意区别。确诊该病需在肠道内发现大量 D 型产气荚膜梭菌，肾脏和其他脏器内发现 D 型产气荚膜梭菌。ELISA 作为国际公认的检测方法已在该病的诊断过程中被广泛应用。

防治　在该病常发地区，每年 4 月注射"羊快疫、猝狙、肠毒血症"三联菌苗进行预防。一旦发生疫情，首先应用疫苗进行紧急免疫，对发病羔羊可用抗血清或抗毒素治疗。迅速转移放牧地，少喂青饲料，多喂粗饲料。同时应隔离病畜，对病死羊要及时进行无害化处理，对环境进行彻底消毒，以防止病原扩散。对于病程稍长的羊群，可用磺胺咪等药物对症治疗（付强民，2018）。

四、羔羊痢疾

羔羊痢疾是由大肠杆菌引起的一种羔羊败血症和严重腹泻性疾病，主要特征为腹泻。

病因　该病原属肠杆菌科埃希菌属中的大肠埃希菌，革兰氏阴性，菌体呈直杆状，两端钝圆，有的近似球杆状。菌体对一般性染料着色良好，两端略深，菌株体表有一层具有黏附性的纤毛，这种纤毛是一种毒力因子。

症状　该病多发于 2～8 日龄的羔羊。病初体温升高至 40～41℃，不久即下痢，体温降至正常或微热。粪便开始呈黄色或灰色半液状，后呈液状，含气泡，有时混有血液和黏液，肛门周围、尾部和臀部皮肤沾污粪便。病羔腹痛、背弓、虚弱、严重脱水、衰竭、卧地不起，有时出现痉挛。如治疗不及时，可在 24～36h 死亡，病死率 15%～25%。

诊断　根据流行病学、临床症状可做出初步诊断，确诊需进行实验室细菌学检查。

防治 加强饲养管理，做好环境卫生，做好羊圈的清洁和消毒。在母羊分娩前，对产房、产床及接产用具进行彻底清洗消毒。配种前和产前母羊使用疫苗进行免疫接种。治疗时除使用抗生素外，还要调整胃肠机能，纠正酸中毒，防止脱水，及时补充体液（张彩云，2019）。

五、羔羊口疮

羊口疮是由羊口疮病毒（ORFV）引起的以绵羊、山羊感染为主的一种急性、高度接触性人兽共患传染病。该病以病羊口唇等皮肤和黏膜发生丘疹、水疱、脓疱和痂皮为特征（图8-7，图8-8）。

图8-7 羔羊口疮菜花状齿（彩图请扫封底二维码）

图8-8 嘴唇溃烂结痂（彩图请扫封底二维码）

病因　口疮病毒又称传染性脓疱皮炎病毒，属于痘病毒科副痘病毒属，病毒颗粒长 220～250nm，宽 125～200nm，病毒表面呈现管状条索斜形交叉的"8"字线团状。含有 ORFV 的结痂在低温冰冻的条件下感染力可保持数年之久；该病毒对高温较为敏感，65℃、30min 可将其全部杀死。常用消毒药为 2%氢氧化钠、10%石灰乳、1%乙酸、20%草木灰溶液。

症状　该病在临床上一般分为蹄型、唇型和外阴型三种，混合型感染的病例时有发生。首先在口角、上唇或鼻镜部位发生散在的小红斑点，逐渐变为丘疹、结节，压之有脓汁排出；继而形成小疱或脓疱，蔓延至整个口唇周围及眼睑和耳廓等部，形成大面积易出血的污秽痂垢，痂垢下肉芽组织增生，嘴唇肿大外翻呈桑葚状突起；若伴有坏死杆菌等继发感染，则恶化成大面积的溃疡，羔羊齿龈溃烂；外阴型口疮羔羊表现为阴鞘口皮肤肿胀，出现脓疱和溃疡。蹄型羊口疮多见于一肢或四肢蹄部感染。通常于蹄叉、蹄冠或系部皮肤形成水泡、脓肿，破裂后形成溃疡。继发感染时形成坏死和化脓，病羊跛行，喜卧而不能站立。人感染羊口疮主要表现为手指部的脓疮。

诊断　根据流行病学、临床症状，特别是春、秋季节，羔羊易感等特征可做出初步诊断。但该病应与羊痘、溃疡性皮炎、坏死杆菌病、蓝舌病等进行鉴别诊断。当鉴别诊断有疑惑时，可进行病毒分离培养及特异性病原目的基因 PCR 扩增。

防治　禁止从疫区引进羊只。新购入的羊严格隔离后方可混群饲养。在该病流行的春季和秋季保护皮肤黏膜不发生损伤，特别是羔羊长牙阶段，口腔黏膜娇嫩，易引起外伤，应尽量剔除饲料或垫草中的芒刺和异物，避免在有刺植物的草地放牧。适时加喂适量食盐，以减少啃土、啃墙，防止发生外伤。每年春、秋季节使用羊口疮病毒弱毒疫苗进行免疫接种，由于羊痘、羊口疮病毒之间有部分交叉免疫反应，在羊口疮疫苗市场供应不充足的情况下，建议加强羊痘疫苗的免疫来降低羊口疮的发病率。对于外阴型和唇型的病羊，首先使用 0.1%～0.2%的高锰酸钾溶液清洗创面，再涂抹碘甘油、2%龙胆紫、抗生素软膏或明矾粉末。对于蹄型病羊，可将蹄浸泡在 5%甲醛液体 1min，冲洗干净后用明矾粉末涂抹患部。乳房可用 3%硼酸水清洗，然后涂以青霉素软膏。为防止继发感染，可肌内注射青霉素钾或钠盐 5mg/kg 体重、病毒灵或病毒唑 0.1g/kg 体重，每日 1 次，3 日为 1 个疗程，2～3 个疗程即可痊愈。首先，隔离病羊，对圈舍、运动场进行彻底消毒；给病羊柔软、易消化、适口性好的饲料，保证充足的清洁饮水；对病羊进行对症治疗，防止继发感染；对未发病的羊群紧急接种疫苗，提高其特异性免疫保护效力。由于羊口疮是人畜共患传染病，尤其是手上有伤口的饲养人员容易感染，因此应注意做好个人防护以免感染。人感染羊口疮时伴有发热和怠倦不适，经过微痒、红疹、水疱、结痂过程，局部可选用 1%～2%硼酸液冲洗去污，0.9%生理盐水湿敷止疼，阿昔洛韦软膏涂擦患部可痊愈（张克山等，2010；张克山和高娃，

2013；杨威，2019）。

六、羔羊破伤风

羊破伤风是由破伤风梭菌引起的急性、中毒性人兽共患传染病，临诊症状主要表现为病羊肌肉发生持续性痉挛收缩，表现出强直状态，又称强直症，俗称"锁口风"。

病因 破伤风梭菌归属芽孢杆菌科梭菌属，是一种厌氧性革兰氏阳性杆菌。破伤风梭菌形状为细长杆菌，长 2.1～18.1μm，宽 0.5～1.7μm，菌体多单个存在。10%的碘酊、10%的漂白粉及 30%的双氧水能很快将其杀死。该病发生的主要原因是羔羊出生断脐时消毒不严格，被破伤风梭菌感染所致。

症状 主要表现为神经性症状。发病初期，病羊眼神呆滞，进食缓慢，牙关紧闭，不能吃饲草；全身肌肉僵直，颈部和背部肌肉强硬，头偏向一侧或后仰，四肢张开站立，各关节弯曲困难，步态僵硬，呈典型的木马状；粪便干燥，尿频，体温正常，瘤胃臌胀，采食困难。

诊断 根据病羊有无深度创伤史，结合特征性神经性症状和典型的全身强直临床症状，容易做出确诊。

防治 伤口部位使用双氧水清洗消毒，在该病多发区，皮下接种破伤风类毒素。另外，母羊产羔前对圈舍进行彻底严格的消毒，接羔时对脐带进行消毒，也可以防止该病的发生（宋文杰，2018）。

七、羔羊初生窒息性假死

羔羊产出时呼吸微弱或停止，但心脏仍保持活动者称为羔羊初生窒息。

病因 羔羊在产道内停留时间过长，助产不及时，使脐带受到压迫，造成循环障碍，胎儿在母体内由于二氧化碳聚积，过早地发生呼吸反射而吸入了羊水及分娩时无人照料使羔羊受冻过久造成初生羔羊假死。

症状 羔羊横卧不动，闭眼，舌垂于口外，口色呈青紫色（称青色窒息），呼吸微弱，口腔和鼻腔充满黏液及羊水，脉搏弱而快，全身松软，用手触眼球时仍有闭眼反应（角膜反射仍存在）。有的有短促的咳嗽，较重的羔羊乍看起来好像死了一样，口色苍白，全身松软，呼吸停止，但心脏仍然跳动，脐带血管通常出血。

诊断 用手触摸心脏部位，有微弱的跳动感。

防治 迅速擦净羔羊口、鼻腔内黏液和羊水，将羔羊横卧，头部放低，一手轻轻按住羔羊，一手抓起上面的前肢肘部，上下交替地扩张和压迫胸壁，因寒冷低温而发生窒息的羔羊，可将头部外露浸在 38～40℃的温水中 10～15min 后也有效果。必要时注射 10%、25%、50%葡萄糖液及维生素 C 10～20ml。

八、羔羊白肌病

羔羊白肌病又称为肌营养不良症，是伴有骨骼肌和心肌变性，并发生运动障碍和急性心肌坏死的一种微量元素缺乏症。该病多发生于秋冬、冬春气候骤变、青绿饲料缺乏时。

病因 该病的发生主要是饲料中硒和维生素 E 缺乏或不足，或饲料内钴、锌、银等微量元素含量过高而影响动物对硒的吸收。当饲料、牧草内硒的含量低于 0.03mg/kg 时，就可发生硒缺乏症。一般在北纬 35°～60°，我国动物缺硒病分布在黑龙江到四川的大面积缺硒地带。

症状 临床上以病羊弓背、四肢无力、行动困难、喜卧等为主要症状，死后剖检以骨骼肌、心肌苍白为典型特征。

诊断 羔羊多在出生数周或 2 个月后出现病症。临床上主要表现为精神萎靡，运动障碍，站立困难，卧地不起，站立时肌肉抖颤，严重的一出生就全身衰弱，不能自行起立。体温多呈正常状态，心动加速，每分钟可达 200 次以上，呼吸浅而快，达 80～90 次/min。剖检可见骨骼肌、心肌、肝脏发生变性为主要特征。常受害的骨骼肌为腰、背、臀的肌肉，病变部肌肉色淡，像煮过似的，呈灰黄色、黄白色的点状、条状、片状等，断面有灰白色、淡黄色斑纹，质地变脆、变软，故得名白肌病。此病常呈地方性流行，特点为群发，3～5 周龄的羔羊最易患病，死亡率有时高达 40%～60%。生长发育越快的羔羊越易发病，且死亡越快。

防治 加强饲养管理，特别是妊娠母畜的饲养管理，提供优质的豆科牧草，并在产羔前补充微量元素硒、维生素 E 等。0.2%亚硒酸钠注射液 2ml，肌内注射，1 次/月，连续应用 2 个月。同时辅助应用氯化钴 3mg、硫酸铜 8mg、氯化锰 4mg、碘盐 3g，水溶后口服。再结合肌内注射维生素 E 注射液 300 mg，疗效更佳（魏红芳等，2019）。

九、羔羊食毛症

食毛症是羔羊异食癖中的一种表现，它是由于羔羊的代谢机能紊乱、味觉异常的一种非常复杂的多种疾病的综合征。舍饲的羔羊在秋末春初更易发生。

病因 可能的病因有营养因素，羔羊饲料中矿物质和微量元素钠、铜、钴、钙、铁、硫等缺乏；钙、磷不足或比例失当；长期食喂酸性饲料；羔羊缺乏必需的蛋白质（主要是含硫氨基酸，如胱氨酸、半胱氨酸和蛋氨酸），即可引起该病的发生。某些维生素的缺乏，特别是 B 族维生素的缺乏，当其缺乏或合成不足时导致体内代谢机能紊乱。可能的病因还包括环境及管理因素：圈舍拥挤，饲养密度过大，饲养环境恶劣，羊群互相舔食现象严重，圈舍采光不足，运动场狭小，户外运动缺乏，导致阳光照射严重不足，降低了维生素 D 的转化能力，严重影响钙的吸收；另外还有寄生虫病因素，药浴不彻底或患疥螨严重而引起脱毛。

症状　羔羊喜欢啃食羊毛，常伴发臌气和腹痛。

诊断　主要发生在早春，饲草青黄不接时易发，且多见于羔羊，病初啃食母羊的被毛，或羔羊之间互相啃咬股、腹、尾部的毛和被粪尿污染的毛并采食脱落在地的羊毛及舔墙、舔土等，同时逐渐出现其他异食现象。当食入的羊毛在胃内形成毛球，且阻塞幽门或嵌入肠道造成皱胃和肠道阻塞时，羔羊出现被毛粗乱、生长迟缓、消瘦、下痢及贫血等临床症状。特别是幽门阻塞严重时，则表现出腹痛不安、拱腰、不食、排便停止、气喘等。腹部触诊可在胃及肠道摸到核桃大的硬块，可移动，指压不变形。

防治　对羔羊要供给富含蛋白质、维生素及微量元素的饲料，饲料中的钙磷比要合理，食盐要补足。及时清理圈内羊毛、母羊乳房周围的毛，并给羔羊喂食一定量的鸡蛋，增加营养，防止羔羊食毛症的发生。加强羔羊的卫生，防止羔羊互相啃咬食毛。主要是采取手术疗法，通过手术取出阻塞的毛球，但往往由于治疗价值不高而不被畜主采纳。

十、羔羊佝偻病

佝偻病是处在生长期的羔羊，由于维生素 D 和钙、磷缺乏或饲料中钙磷比不合理引起的一种慢性骨营养不良的代谢性疾病。其特点是生长骨骼钙化不全、软骨持久性肥大、骺端软骨增大和骨骼弯曲变形。

病因　维生素 D 缺乏导致钙磷吸收障碍，即使饲料中有充足的钙、磷，也可酿成该病的发生；钙、磷缺乏或饲料中钙、磷比例失调，引起佝偻病的发生，维生素 D 缺乏或处在生理需要临界线时，钙磷含量和比例出现偏差或幼畜生长速度过快，则可发生佝偻病；羔羊出现消化紊乱时，就会影响钙、磷及维生素 D 的吸收，内分泌腺（如甲状旁腺及胸腺）的机能紊乱，影响了钙的代谢。

症状　临床上以消化紊乱、异食癖、肋骨下端出现佝偻病性念珠状物，跛行，四肢呈罗圈腿或"八"字形外展为主要症状。

诊断　病羔食欲不振，消化不良，精神沉郁，多出现异食癖，经常见啃食泥土、砂石、毛发、粪便，生长发育非常缓慢或停滞不前，机体消瘦，站立困难，经常卧地，不愿行走，下颌骨肥厚，牙齿钙化不足，排列不整，齿面凸凹不平，管状骨及扁骨的形态渐次发生变化，关节肿胀，肋骨下端出现佝偻病性念珠状物。膨起部分在初期有明显疼痛，跛行，四肢可能呈罗圈腿或"八"字形外展状，运动时易发生骨折。病情严重的羔羊，口腔不能闭合，舌突出、流涎，不能正常进食，有时还出现咳嗽、腹泻、呼吸困难和贫血，瘫痪在地。X 光检查证明骨髓变宽和不规则。

防治 羔羊舍应该通风良好，有日光照射，羔羊要有足够的户外活动，饲养上注意给予青嫩草料，日粮内的钙磷比例要适宜，并且要供给富含维生素 D 的饲料，如鱼粉、青干草等。维生素 D 制剂和鱼肝油是治疗该病的有效药物。

十一、羔羊消化不良

由各种原因引起的羔羊消化道机能紊乱，以腹泻、衰弱和停止吃奶为特征。

病因 初生羔羊发育不良，机体免疫力低下，未吃上初乳或饥饱不匀，怀孕母羊饲养管理不善，其初乳中蛋白质及脂肪的含量减少，维生素、溶解酶及其他营养物质也缺乏，乳汁稀薄、颜色发灰、数量少而气味不良，羔羊食后易发生消化不良，另外，羊舍棚圈潮湿、气候骤变、受凉感冒、运动减少及管理上不合乎卫生要求（如饮水不洁、饲料霉变等）都可引起羔羊消化不良。圈舍低温也是诱发羔羊消化不良的原因之一。

症状 少数病羔食欲减少或废绝，喜卧，口鼻凉而流少量带泡沫的涎水，触诊腹部轻度膨胀，胃内有少量未消化而积结成块的积乳，腹泻的粪便呈暗黄色或草绿色，有的如粥状，有的稀如水样，腐败过程占优势时，带有酸臭味，病中如不及时治疗，则可转为胃肠炎，脱水而使病情恶化。

诊断 羔羊畏寒，躯体蜷缩，喜卧懒动，粪便呈淡绿色，呼吸加快，因脱水使皮肤失去弹性，口腔黏膜发白。

防治 食欲差而粪便稍稀的羔羊，酵母片 1 片，研磨 1 次灌服，每日 2~3 次；脱水及肠炎现象的羔羊可用葡萄糖生理盐水 50~100ml，复合维生素 B 注射液 2.0ml，维生素 C 注射液 2ml；久泻不止者静脉注射复方生理盐水 40~60ml，10% 葡萄糖注射液 10~30ml，维生素 C 注射液 50mg，25% 安那咖 0.5ml，同时口服碳酸氢钠 0.5g；对病情严重的羔羊，用磺胺类药或抗生素，抑制肠道细菌的生长繁殖，同时使用收敛性药物保护肠黏膜。

参 考 文 献

付强民. 2018. 羊肠毒血症的临床症状、实验室检查及其防控. 现代畜牧科技, (2): 88.

戈胜强, 张志诚, 吴晓东, 等. 2017. 施马伦贝格病在德国的流行现状及总结. 病毒学报, 33(4): 646-651.

刘湘涛, 刘晓松. 2011. 新编羊病综合防控技术. 北京: 中国农业科技出版社.

罗建勋. 2018. 羊病早防快治. 北京: 中国农业科技出版社.

沈佳. 2019. 羊传染性胸膜肺炎诊断与治疗. 畜牧兽医科学(电子版), (10): 125-126.

宋文杰. 2018. 羔羊破伤风病诊断. 中国畜牧兽医文摘, 34(6): 342.

魏红芳, 郭建来, 权凯. 2019. 羔羊白肌病的诊断与防制. 今日畜牧兽医, 35(6): 84-85.

杨威. 2019. 羊口疮病的流行病学、临床表现与防控措施. 现代畜牧科技, (11): 90-91.

张彩云. 2019. 羔羊痢疾的综合诊断和防治. 农民致富之友, (9): 160.

张克山, 高娃. 2013. 羊常见疾病诊断图谱与防治技术. 北京: 中国农业科技出版社.

张克山, 何继军, 尚佑军, 等. 2010. 羊传染性脓疱病毒湖北株的鉴定及分子特征分析. 畜牧兽医学报, 41(9): 1154-1157.

Steukers L, Bertels G, Cay AB, et al. 2012. Schmallenberg virus: emergence of an Orthobunyavirus among ruminants in Western Europe. Vlaams Diergen Tijds, 81:119-127.

第九章　优质羔羊肉生产

第一节　羔羊肉的品质评价指标

羔羊肉品质一般是指与羔羊鲜肉或利用新鲜羔羊肉加工后产品的外观、适口性和营养价值等有关的一些物理特性和化学特性的综合体现。肉品质特性一般概括为四个方面，即营养价值、感官品质、加工品质和卫生质量（萨格萨，2009）。因而评价指标非常多：如卫生指标中微生物（肉的腐败酸败）、抗生素激素药物残留等；营养指标中的蛋白质、脂肪、氨基酸、游离氨基酸、微量元素、维生素的含量和种类等；感官指标中的风味、嫩度、多汁性、滴水损失、色泽等，而加工品质也多涉及风味、嫩度、多汁性、保水性、熟肉率、色泽等。

羔羊肉的风味、嫩度、多汁性、保水性、色泽、pH等指标由于和肌肉的感官、加工、营养、新鲜程度都有关系，现在越来越受到关注。众多指标都可以从一个侧面反映肉品质的某个方面，因而要综合反映肉品质的优劣实际是非常复杂和困难的，在国际上也是一个难题，因此往往在做肉品质研究时根据研究目的会偏重某几个指标。

但是作为消费者更多的是想得到一个综合评判的结果，而澳大利亚肉类标准（Meat System Australia，MSA）是一个质量管理系统，它充分体现了消费者感官评价的重要性，提高羊肉食用品质评价的一致性。MSA系统涉及从牧场到餐桌食用品质的所有因素，筛选出以嫩度、风味、多汁性、肉的接受度等为中心指标，由评价专家组和消费者共同评价。目前来自全球9个国家的10多万消费者进行的近70万次评价，使MSA系统成为拥有世界上最大的消费者评价数据库。MSA评价系统要求较高的重复性、广泛性、代表性。2015~2017年，采用MSA系统，中国农业大学、美国得克萨斯理工大学、澳大利亚莫道克大学联合开展的在中国、美国、澳大利亚同步进行的对取自澳大利亚332只绵羊（其中164只羔羊，168只一岁羊）的背最长肌和半膜肌的羊肉样品的品尝试验，三个国家共有2160人参与了羊肉品尝试验，研究结果表明各国消费者在羊肉食用品质评价上的差异极小，这为未来羊肉食用品质的评价国际通用模型建立提供了依据（O'Reilly et al.，2020）

一、胴体品质

胴体分级对于提高羊肉经济价值具有重要的作用，同时对羊肉的营养价值、食用价值也有一定的参考价值，它不仅能反映羔羊的产肉性能及羊肉品质的优劣，还是开展羊肉精深加工的基础和前提，在满足不同消费者需求的前提下最终实现羊肉的优质优价。胴体品质评定主要包括产肉率和胴体质量等指标（徐晨晨和罗海玲，2015）。

二、系水力

肉的系水力又称肉的持水能力或保水力，是指肉在制造和加工过程中保持并结合水分的能力（张玉伟等，2012）。鲜肉的系水力是评价肉品质的重要指标，决定了消费者的视觉可接受性，是影响消费者购买意愿的重要指标之一（徐晨晨，2018）。肌肉中包含大约 75%的水、18.5%的蛋白质、2%～5%的脂肪、1.5%的非蛋白氮以及 1.0%的碳水化合物和无机成分。肌肉中的大多数水分存在于肌原纤维中，也即存在于肌原纤维之间、肌原纤维与细胞膜（肌膜）之间、肌肉细胞之间及肌肉束（肌肉细胞群）之间（Huff-Lonergan and Lonergan，2005）。

鲜肉中的水通常以结合水、不易流动水和自由水三种状态存在。结合水占1%～2%，存在于细胞内部，加工过程对结合水基本没有影响（张楠等，2017）。

不易流动水占80%，不易流动水越多，肌肉的系水力越大，能溶解盐及其他物质，在0℃或稍低于0℃以下时结冰；自由水存在于肌细胞间隙，破坏肌肉细胞的完整性则很容易失去自由水。在肌肉转化为肉产品过程中，减少蛋白质变性的因素、增加肌肉 pH 和蛋白质的静电排斥、增加肌节长度、保持低温储存等方式将有助于保持细胞间隙中的水，并最大限度地减少自由水的游离（表 9-1）。

表 9-1　动物肌肉（pH7.0）和宰后肉（pH5.3～5.8）中水分含量的分布情况（Honikel，2009）

水分存在位置	水分含量/%	
	肌肉	宰后肉
蛋白质结合水	1	1
肌原纤维内	80	75
肌原纤维外	1	10
细胞外	5	15

在肌肉中，肌原纤维蛋白以结构蛋白的方式存在，在肌纤维间、肌原纤维间形成大量的毛细管，呈现均匀的网格状结构，为水分的存在提供了空间（张玉伟，2013）。同时，肌肉蛋白质所带的净电荷是束缚水分的主要吸引力，使得水分不轻易流失，而电荷之间的静电斥力可使蛋白质结构松散，增强保水效果。因此，机体肌肉中的水分可以稳定地储存于肌肉中，不会轻易发生改变。影响肉的系水力的外部因素包括品种、日粮营养、宰前管理、宰后成熟等，内部因素包括静电荷效应、空间位阻效应、钙蛋白酶的作用等（张玉伟等，2012；徐

晨晨和罗海玲，2017）。

近几年的研究表明，造成系水力下降的可能机制主要涉及三个方面：①细胞膜完整性受到破坏，为细胞内液渗出提供便利条件。原因主要是细胞膜脂质氧化或者结冰形成的冰晶等物理破坏或其他原因引起的细胞膜完成性受损；②细胞骨架蛋白降解，这是肌肉成熟时自然产生的，它破坏了细胞内部微结构之间的联系，产生较大空隙，游离性增大，若此时细胞膜受损，容易造成汁液损失；③温度升高和 pH 下降引起肌肉蛋白收缩、变性或降解，肌肉持水能力下降。

系水力的大小常用滴水损失、蒸煮损失、渗出损失、储存损失等来衡量。肌肉的系水力取决于肌细胞结构的完整性和蛋白质的空间结构。羊肉在加工、储藏和运输过程中，任何导致肌细胞结构的完整性受损或蛋白质收缩的因素都会导致肉的系水力下降（Asghar et al.，1988）。较低的系水力意味着羊肉耗损较大，从而导致巨大的经济损失；同时系水力影响羊肉的食用品质，包括风味、色泽、嫩度、多汁性等，因此良好的系水力具有十分重要的意义（王波和罗海玲，2019）。

三、pH

肌肉 pH 是反映宰后肌肉糖原降解速率的重要指标（White et al.，2006）。在羊只正常代谢过程中，pH 基本保持稳定；但宰后养分供应阻断，机体内的稳态机制被破坏，导致不可逆的糖原酵解反应的发生，伴随 ATP 的产生，肌糖原被代谢为乳酸，而乳酸的积累引起肌肉 pH 的下降（Huff-Lonergan et al.，2002）。肉的最终 pH 由屠宰后 24h 的 pH 下降程度决定。澳大利亚肉类评价系统推荐最佳 pH 小于 5.7。pH 的改变能够影响肉色、肉的收缩、蒸煮损失及嫩度。

pH 是影响羊肉品质最主要的原因之一。pH 下降，使得肌原纤维蛋白接近等电点，蛋白质变性，最终导致肉的汁液流失增加，肌肉持水能力下降（周光宏，2009）。宰后 45～60min 肌肉 pH 常用于鉴定白肌肉（PSE）和正常肉，如果在45min 以内 pH 下降到 5.5～5.7，肌肉会显得非常苍白、质地松软并出现渗出物，即为 PSE 肉；宰后 24h pH 用于鉴定黑干肉（DFD）。通常宰后 24h，肌肉的 pH 由正常时的 7.0～7.2 下降至 5.5～5.7，如果 pH 下降不多，此时肌肉会变暗、质地较硬、干燥，即为 DFD 肉。当肌肉 pH 超过 5.7 时，颜色变暗会更加明显（徐晨晨，2018）。

羊只受到诸如恶劣的天气、低劣的运输条件，以及缺水、缺料、惊吓等宰前应激的影响时，肌肉中的能量或糖原就会迅速地被利用以抵抗应激反应，一旦体内糖原水平耗尽，宰后只能形成少量的乳酸，导致更高的 pH。羊只必须再次饲喂高能量饲料需要长达 14 天的时间才能恢复肌肉中的糖原水平，因此，为了防止过高的 pH，提高肉品品质，应尽量减少宰前应激。

四、色泽

肉色是消费者对羊肉产品的第一印象，直接决定消费者的购买行为（刘策等，2018），同时也是评价货架期羊肉新鲜度的重要指标（Andersen，2000）。新鲜羔羊肉表面最佳的色泽是樱桃红色（Aberle et al.，2001），鲜肉色泽呈现高度不稳定性且较短暂（周光宏，2009）。

正常肌肉组织一般含有脱氧肌红蛋白、氧合肌红蛋白及高铁肌红蛋白三种状态的肌红蛋白，而肉的色泽主要取决于肌红蛋白的存在形式以及其氧化程度和铁的化学状态（刘策，2018）。脱氧肌红蛋白不携带氧分子，同时二价铁离子（Fe^{2+}）呈现深红色；肌肉接触氧后，脱氧肌红蛋白氧化为氧合肌红蛋白，其铁卟啉环携带氧分子，但铁离子仍然是二价铁，颜色呈现鲜红色；若肌红蛋白继续氧化，在氧合肌红蛋白的基础上二价铁氧化成为三价铁，即为高铁肌红蛋白，则肌肉呈现深褐色（Bekhit and Faustman，2005）。三种肌红蛋白的互相转化关系如图9-1所示。因此，肌肉的色泽主要与高铁肌红蛋白还原系统（MRA）有重要的关系。

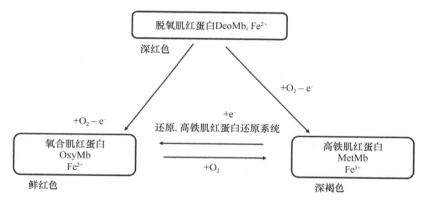

图9-1　肌肉中三种肌红蛋白氧化还原转换（Bekhit and Faustman，2005）

真空包装的肉缺乏氧气，肉色呈深红色，肌肉处于脱氧肌红蛋白状态；零售展柜中的肉由于暴露于空气中，肉色呈鲜红色，肌肉处于氧合肌红蛋白状态；而当仅存在于非常少量的氧气环境中时，则肌肉呈现深褐色或棕色，例如，当两块鲜红色肉彼此堆叠，或当肉被长时间放置，导致铁离子被氧化，此时处于高铁肌红蛋白状态。

由于羊只活体组织是一个动态平衡的系统，肌红蛋白、氧合肌红蛋白和高铁肌红蛋白三种形式间可以相互转化、达到平衡。肉表面接触的氧分压越高，越易形成氧合肌红蛋白，肉色越好（程志斌等，2009）。因此，真空包装冷藏数周的羊肉打开包装后，使其与氧气充分接触以形成鲜艳的氧合肌红蛋白便可以吸引消费者购买。

羊只活体肌红蛋白的含量受多种因素的影响，如性别、部位、运动程度等，不同部位肌肉的活动差异性导致对氧气的需求不同，腿部肌肉含有更多的肌红蛋白，色泽较背部肌肉更深（刘策，2018）。影响屠宰后肉的色泽稳定性的因素包括氧气含量、细菌、温度、光照、pH 等（Calnan et al.，2014）。

肉色由于容易受环境中氧气含量等因素影响，极易变化，过去使用的比色板法虽然简单直观，但易受外界光源和人为主观因素影响，结果偏差较大，目前逐渐被淘汰。准确、标准及无损的测定肉色技术的方法十分迫切。目前在国际上有美国肉品科学协会（American Meat Science Association）颁布的一套关于测定肌肉色泽的标准方法，包括等级划分色差仪法、肌红蛋白测定法等，值得借鉴（American Meat Science Association，2012）。

等级划分色差仪法可以快速准确地对鲜羔羊肉进行肉色评定，实际是将仪器所测原始值自动通过一系列数学关系转换，表示如 L*（亮度）、a*（红度）、b*（黄度）等颜色数值，从而获得肉色的客观量化指标（Holman et al.，2015）。这种方法目前占主导地位。

澳大利亚 MSA 系统中的总接受度实际就是消费者对色泽的评判，红度值 a* 与消费者的接受度有着更为重要的关系。研究结果显示当 a*大于 9.5 及 L*值大于 34 时，消费者有 95%的可能性接受羔羊肉产品并购买。同时，L*与 a*越高，消费者的评分越高（Khliji et al.，2010）。

五、嫩度

嫩度是指人们在咀嚼熟羊肉时容易嚼烂的程度，是一种口感。但由于人的牙齿状态差异较大，为了客观评价羊肉嫩度，一般用质构仪等仪器测定，表示切割熟肉时所需的力量，通常用剪切力表示（单位 kg 或牛顿），剪切力的值越大，表明羊肉嫩度越差。羊肉肌纤维类型、直径、密度，结缔组织类型、含量及交联状态，肌内脂肪含量，钙蛋白酶活力等因素都可以影响羊肉嫩度。羊的饲粮中添加苜蓿皂苷、番茄红素、维生素 E 等具有抗氧化作用的物质可以降低蛋白质氧化的速率，提高钙蛋白酶的 CAPN1 活性的蛋白表达水平，可显著提高羊肉嫩度（徐少庭等，2017）。

但是仪器测定的客观评定法的结果并不能说明消费者真正咀嚼时的口感，而主观评定羊肉嫩度的方法又带有太多的主观性，因此利用训练有素的感官评定小组结合消费者进行品尝评估的结果来说明羊肉食用品质就孕育而生。

六、多汁性

多汁性是独特的带有主观属性的肉类感官指标，是通过消费者或训练有素的感官评价小组评价来决定的，或者用 MSA 系统评价。多汁性评定主要依赖于人的主观评定，目前尚无较好的客观评价方法。

在消费者分级评价系统中，多汁性占消费者对肉的总体可接受性变化的 10%（Watson et al.，2008）。羊肉的多汁性是指当肉在嘴里咀嚼时汁液流出和润滑的口感，通常与肉中脂肪含量及保水性成正相关，但脂肪含量过高会有油腻的感觉。对多汁性的评判一般分为两部分：一是在初期咀嚼期间，由于肉汁快速释放产生的湿润感，此部分与肉的含水量有关；二是持续咀嚼期间多汁的感觉，此部分与肉的脂肪含量有关，因为脂肪会对唾液分泌产生刺激作用（Winger and Hagyard，1994）。

七、风味

风味是一种复杂的多感官感觉，包括嗅觉、味觉和三叉神经感觉的组合。风味也是一个综合的指标，主要包括气味和滋味，气味是由羊肉中挥发性物质随气流进入鼻腔，刺激嗅觉细胞后产生的感觉；滋味是熟肉中可溶性的呈味物质刺激舌中味觉细胞产生的感觉（王朕朕，2015）。主要有酸、甜、苦、咸和鲜味五种基本滋味被广泛接受，其中，鲜味是 20 世纪以后才被认定为是基础味觉之一，是由谷氨酸盐引起的味觉。

羊肉的风味是指生鲜肉中的气味和加热后肉及肉制品的香气与滋味，主要受羊肉中前体物质（如醇、酮、醛、酯、酸等）、蛋白质和脂类的影响。熟肉产生香气的主要反应涉及脂类降解（氧化反应）、美拉德反应、硫胺素降解和碳水化合物降解（Imafidon and Spanier，1994）。屠宰过程、胴体处理、熟化、烹制和烹制后的储藏均可影响熟肉的香气。滋味主要与氨基酸的组成种类、含量，以及乳酸、肌酸等有机酸含量有关。

采用感官评价法评定肉的风味时，若评价者群体较小，结果的主观性影响就较大，造成差异明显。目前可以通过气相色谱嗅闻技术、电子鼻和电子舌技术对气味和滋味进行评价。为了降低风味鉴别的难度，同时提高鉴别的准确度，在 15～25℃室温条件下，通过加热以促进肉中挥发性物质进行挥发来鉴别。一般先鉴别气味较淡的，后鉴别气味较浓的。气相色谱联用嗅闻技术可将经色谱分离得到风味物质，再经人为嗅觉进行评价并进行描述。利用气相色谱嗅闻技术还能够进一步定量分析风味物质中的挥发性物质对肉质风味的贡献大小。电子鼻是装有嗅觉识别设备和一定量的电化学传感器的用于模拟人类嗅觉器官鼻子功能的一种电子设备，可正确鉴别嗅觉物质，可以对羊肉样本风味的特性做出总体判断，发出整体信息，即"指纹信息"（王朕朕，2015）。电子舌的作用方式与电子鼻相似。

肉的风味虽然已被研究多年，但由于肉类复杂的内在特性使风味研究仍处于该领域的前沿，而羊肉比其他肉类更具有复杂性，特别是膻味的存在，使其研究更具有挑战性。罗海玲教授团队研究已经证明（未发表），饲养在同一环境相同年龄、相同性别、相同部位、相同屠宰方法与取样方法，用相同分析方法研究得出：不同品种羊肉除了共有的风味物质外，它们的特征风味物质不同，如湖羊含有糠醇（焦香味）、辛酸（奶酪味），滩羊含有乙酰基噻唑（烘焙味）、丁酸（奶酪味），杜波羊含有（E）-2-壬烯醛（青草味）4-乙基苯甲醛（甜味）。

第二节　影响羔羊肉品质的因素

优质高效的羊产业发展方向应该是羊肉产量和羊肉品质的协同提高。随着我国羊肉消费量的增加，安全优质的羊肉产品越来越受到关注。影响羊肉产量和羊肉品质的共同因素主要有品种、性别、营养水平、饲养模式、宰前管理等，但屠宰方式、分割方法、储存方法等宰后处理都对肉品质有重要影响（张玉伟和罗海玲，2010）。

一、品种

品种是影响肌肉组织结构和生物学特性的主要内在因素，但其影响的程度还受到多种内在和外在双重因素的影响。遗传背景对肉品质的贡献大约占 30%～40%。

由于每个品种所含的基因有所差异，一般会在肉质性状上有所表达。我国绵山羊品种众多，有丰富的品种遗传资源特性，而且经过长期人工选择和自然选择，已形成某些优良肉品质特性，具有一些国外品种无法相比的优势，这是我国发展优质羊肉产业的优势所在。例如，独具特色风味的乌珠穆沁羊、滩羊、巴什拜羊、简州大耳羊等。

因不同地区的气候、温度、湿度等环境条件不同，羊只的生活习性、体型外貌都有较大的差异，温带地区的羊，一般体型中等、身体紧凑、四肢短小、被毛浓密；而热带地区的羊，躯干、四肢、耳朵和尾巴都较长且被毛较短；干旱地区的羊，通常尾巴肥大，可用来储存脂肪，脂肪代谢后可弥补环境中水和食物的短缺。相同品种的羊长期生长在不同环境，羊肉品质也会出现差异。例如，都含有蒙古羊血液的湖羊、滩羊等羔羊肉品质完全不同。

二、性别

性别可以影响羊肉的产量和品质，尤其对风味的影响较大，对肉的化学组成也有影响。例如，一般公羊肌肉中的肌内脂肪含量比母羊少，但阉羊羊肉中的肌内脂肪含量增加。未去势的公羊肌纤维粗，肉质坚硬，具有膻味过浓等特殊的不受欢迎的气味，因此，生产中应尽早去势。一般来说，公羊比母羊和羯羊有更强烈的膻味。因为公羊体内含有更高浓度的支链脂肪酸，而支链脂肪酸是影响羊肉膻味的重要因素（张玉伟和罗海玲，2010）。与母羊相比，公羊羊肉的剪切力值更高，嫩度更差。

三、营养水平与饲养模式

营养水平和日粮成分是影响肌肉组成成分（脂肪、蛋白质、水分及矿物质等）的重要因素（王朕朕，2015）。营养水平对肌内脂肪含量的影响最为明显。营养水平高，肌内脂肪的沉积量增加，嫩度大，风味和多汁性更好。

充分的营养供给是正常执行遗传程序的先决条件。在程序执行的过程中，营养因素的改变可以干预甚至修改程序的执行，从而最终影响羊肉品质。培育具有特殊羊肉风味或品质的新品种或新品系，往往需要十几年或者更长时间，但一旦培育出新品种就可以稳定遗传，因而新品种培育也是羊产业最终要达到的目标。与育种改变羊肉品质进程相比较，营养调控羊肉品质具有时间短、见效快的特点，但往往只限于当下批次所调控的羊只。而遗传与营养的结合可能是未来深入探讨的领域，如表观遗传学。

不同的饲养模式对羊肉的品质有重大的影响，这是采食、运动、管理等各因素的综合作用。羊具有选择性择食的生物学特性。在全放牧模式条件下，依据草场植物的组成选择营养丰富种类和易消化部分，如优先选择嫩草、嫩叶等。在限时放牧条件时可以自动通过改变采食行为，如提高采食频率、缩短运动距离等来提高限时放牧条件下的采食量，满足机体的需要（Chen et al.，2013）。限时放牧4h 羔羊以采食羊草为主，其中高比例的 ALA 是改善肉中脂肪酸沉积的直接原因（Zhang et al.，2014），说明采食组分决定羔羊肉中脂肪酸沉积与风味。在舍饲饲养模式条件下，虽然日粮中蛋白质、能量、微量元素、维生素等营养成分都可以通过配方设计满足羔羊的营养需求，但是与自由放牧相比，受日粮组成种类的限制、运动量的下降、阳光沐浴的减少、活动面积减少等一系列因素的影响，脂肪沉积增多而使羔羊肉的嫩度提高，但膻味增加，品质下降，因此，可以通过在舍饲羔羊日粮中添加安全有益的植物提取物来达到改善羊肉品质的目的。

肌内脂肪（intramuscular fat，IMF）的含量与品种、性别、年龄、体重和饲养方式有关，肌内脂肪严重影响羔羊肉的品质，特别是嫩度和口感。通过改变饲养方式和日粮的组成可以较快改善羊肉肌内脂肪含量（马勇等，2016）。日粮添加鱼油、葵花油或混合油脂提高了舍饲羔羊胴体各肌肉和脂肪组织中的共轭亚油酸（conjugated linoleic acid，CLA）含量，并促进了臀肌中 IMF 的沉积（Zhao et al.，

2016）；绵羊每天提供 200IU 的维生素 E 能显著降低敖汉细毛羊背最长肌饱和脂肪酸（saturated fatty acid，SFA）的含量，提高单不饱和脂肪酸（monounsaturated fatty acid，MUFA）的含量，并显著提高 c9t11-CLA 共轭亚油酸的含量（Liu et al.，2013）；日粮中添加番茄红素（lycopene，LP）降低了巴美肉羊背最长肌 IMF 的含量趋势，但显著提高了肌内脂肪中多不饱和脂肪酸（polyunsaturated fatty acid，PUFA）的含量，以及 n-3 PUFA 的比例（Jiang et al.，2015a；2015b），同时日粮中添加番茄红素可以提高羔羊肉的抗氧化能力，改善羊肉品质（Xu et al.，2019）；日粮中添加苜蓿皂苷能够降低背最长肌 IMF 含量，同时提高 n-3 PUFA 含量，尤其是 EPA 的含量（刘策，2018）。

通过营养调控技术，在舍饲组羔羊日粮中分别添加苜蓿皂苷、甘草提取物、维生素 E，羔羊的肌肉色泽（a*24h）显著提高；日粮中添加苜蓿皂苷可以改善羔羊肉色泽，使羊肉呈现纯正且稳定的红色，原因就是苜蓿皂苷提高了肌肉抗氧化酶活及能量代谢水平，从而保护电子传递链，加速线粒体代谢速率，使电子传递链中的 MRA 活性提高，高铁肌红蛋白被还原成氧合肌红蛋白（刘策，2018）。

苜蓿皂苷使羔羊肉中 n-3 PUFA 的比例提高，使脂肪酸组成更有利于人体健康，显著降低 n-6 PUFA：n-3 PUFA 的比值，从而改善肉品质（李玉霞等，2018）。

日粮中添加维生素 E 和番茄红素均可以提高羊肉的抗氧化性能，降低滴水损失，改善羔羊肉品质。但二者作用机制不同，维生素 E 通过氧化蛋白（NDUFB7、COX5B、CYC1、OGDH、SUCLG2），而番茄红素通过代谢蛋白（SUCLA2、SUCLG2、ALDH1A1、PSMC2、PSMA3）来调控钙蛋白酶。在钙蛋白酶被激活后，都使肌纤维蛋白（TPM3、TNNC1、MYL2）发生降解，从而降低羊肉滴水损失（徐晨晨，2018）。

四、宰前管理

宰前管理对提高肉品质的质量具有重要的保障意义。在羊群运输过程中，因为驱赶、捕捉、装卸、饥渴、烦躁等因素，易引起应激反应，从而影响羊肉的品质。宰前管理包括放血前的装卸、运输、禁食、宰前检疫等步骤。相比于环境产生的应激，屠宰应激对于肉品质的影响是巨大的。当羊只感受到屠宰压力时，下丘脑-垂体-肾上腺的反应被激活，释放出儿茶酚胺和皮质醇等激素，在屠宰前糖原耗尽，最终导致肉 pH 升高并降低肉品质，严重时会产生 PSE 肉（Njisane and Muchenje，2017）。良好的宰前管理能降低羔羊宰前应激，提高羔羊宰前的福利待遇符合动物伦理道德法规。

1. 装卸

羊群在运输前一般要禁食；装卸时要避免羊只过于兴奋，驱赶时禁止电击、棍棒打击或将羊只拎起等粗暴行为；驱赶或装卸时应设置斜坡或平台。

2. 运输

运输途中的禁食、环境改变、颠簸、心理压力等因素会引起羔羊的运输应激，导致体内的营养、水分大量消耗，影响羊肉品质。因此为减少宰前应激，运输时要保证运输环境通风、车辆安装防滑板、围栏足够高但宽度不宜过大。运输过程中装载密度不宜过大，匀速行驶，崎岖路段驾驶速度应尽量缓慢以减少颠簸；同时运输时间不宜过长，酷暑严冬运输时做好降温或保温工作；避免宰前过分驱赶鞭笞；长途运输时，要保证空间足够羊只卧倒休息。经 12h 的宰前运输，肌肉中乳酸含量、滴水损失和剪切力都明显升高，肉嫩度下降，肉品质变差（芦春莲等 2015）。

3. 宰前禁食

宰前羔羊无论是运输、装卸过程中被动禁食还是待宰前人为控制的禁食与饮水，都可以减少羊只屠宰时胃中食糜量，降低屠宰时发生胃肠破裂的概率，降低食糜和粪便流出对胴体造成的污染，并且减少饲料消耗。

有关待宰时间在国际上没有统一标准，欧美等国家通常是当天运输当天屠宰，而养羊生产大国如新西兰、澳大利亚以及中国，通常是运输后的次日才开始屠宰。王静璇等（2019）对禁食禁水运输 5h 后小尾寒羊不同待宰时间（0h、3h、6h、12h、18h、24h）进行比较发现：待宰时间 12h 提高了待宰羊只血液肌糖原含量，降低羊肉 pH，提高羊肉嫩度。血浆皮质醇质量浓度和肌酸激酶活性随待宰时间的延长先下降后上升，而在待宰 12h 时达到较低值，这说明待宰 12h 能使羊只从运输所造成的应激中得到缓解。

但禁食时间过长会过量消耗机体能量储备，使肝糖原和肌糖原含量大大下降，pH 升高，羊肉肉质过硬，剪切力上升，嫩度下降。

4. 宰前检疫

宰前检疫是保证羊肉卫生质量的重要环节，可以及时发现患病羊只。宰前检疫包括收购检疫、运输前、运输中、运输后目的地的兽医卫生监督。方法包括群体检查和个体检查，从而给出准宰、禁宰、急宰、缓宰等结果。对于因物理因素如挤压、践踏等致死羊只也要给出处理方法。

五、宰后处理

羊只刚刚屠宰后，虽然羊只的生命终结了，但其胴体的肌肉仍处于代谢之中，pH 发生变化，特别是滴水损失的发生是不可避免的。伴随滴水损失的产生，肌肉中的营养物质、血红蛋白等也随汁液的流失而下降，造成羔羊肉品质下降、重量减轻，经济价值下降。

胴体一般需要冷却排酸，但若胴体冷却的时间延长，肉的汁液流失逐渐增加，宰后温度高而 pH 较低时，会加快脱氧肌红蛋白的形成，加速肉色的变化。但胴体冷冻速度太快，对肉品质量同样也有负面影响。极端的温度差异刺激肌动球蛋白 ATP 酶发生变化，导致严重的肌纤维收缩，影响肌肉韧性。在熟化期，如进行快速冷却，会使肌肉产生冷收缩，剪切力明显增加，因此有必要适当地延长熟化时间，从而改善肉品质（刘腾等，2016）。防止肌肉过快冷缩的一种方法是对宰后胴体进行电刺激。张婷（2016）研究结果表明，冷藏肉的嫩度、脂肪酸含量和保水力要明显优于 20℃、10℃和冻藏，冻藏虽然保存时间最长，但肉品质会受到严重的影响。值得注意的是，无论温度如何，冷冻都使胴体发生冷缩，但收缩的程度取决于温度、肌肉走向和骨骼的附着程度，因此胴体悬挂方法不同（跟腱悬挂、髋关节悬挂），也会影响羊肉品质（徐晨晨，2018）。

宰后储藏的温度、pH、氧浓度、光照等对羔羊肉品质影响很大。冷鲜羔羊肉 0～4℃保存，可有效防止温度过高造成的肌红蛋白氧化及破坏（Calnan et al.，2014）；低温能够抑制微生物的生长；光照可以促进脂肪氧化，好氧细菌能够间接导致肉的褐变（Volden et al.，2011）。

第三节　羔羊肉生产质量安全控制体系与可追溯体系

一、羔羊肉生产中的质量安全控制体系

羊肉质量安全是整个优质羔羊肉生产中的重要保障，需要贯彻一系列的措施与规范。实际上这些措施与规范就是对人员、场地设计、设施使用、水、物品卫生要求、害虫的处理和防范、质量检查等每个环节的具体要求，是必须执行的条款。

羔羊肉生产中的质量安全控制体系通常包括：良好操作规范（good manufacturing practice，GMP）、卫生标准操作程序（sanitation standard operation procedures，SSOP）、危害分析与关键控制点（hazard analysis and critical control point，HACCP）。

GMP 是保证羊肉具有高度安全性的良好生产管理体系，是必须遵循的、经卫生监督与管理机构认可的强制性规范（胡新颖等，2005）。GMP 要求羊肉生产加工、包装、储藏和运输的过程中有良好的人员、厂房、卫生设施、设备等，生产过程合理，质量管理和检测系统完善严格，羊肉产品安全卫生、品质稳定、产品质量符合标准。

SSOP 是生产企业为保证达到 GMP 所规定的要求，在卫生环境和操作过程等方面所需实施的具体程序（Toldra，2017）。GMP 是政府制订的、强制性实施的法规和标准，而 SSOP 是企业根据 GMP 要求和企业的具体情况自己编写的卫生标准操作程序或类似文件。GMP 和 SSOP 已经成为羊肉加工企业确保产品安全的质量

控制技术。

　　HACCP 是鉴别、评价和控制食品安全的至关重要的体系，即为了防止羊肉食源性疾病的发生，必须对羊肉生产加工过程中各种危害因素进行系统和全面的分析；确定有效地预防、减轻或消除各种危害的关键控制点（critical control point，CCP），确定关键限制（critical limit，CL），在关键控制点进行控制，并监测控制效果，随时对控制方法进行矫正和补充（崔晓鹏和董艳红，2017）。

　　优质安全羔羊肉加工生产是一个全产业链的系统过程，包括饲料生产、羊只养殖、屠宰加工、储藏运输、包装销售等环节，任何一个环节生产不规范，都会影响产品质量和安全卫生。GMP 和 SSOP 的要求及规范是有效执行 HACCP 计划的前提，是进行 HACCP 认证的基础（张登沥和沙德银，2004）。

二、羔羊肉质量安全可追溯体系

　　1996 年英国疯牛病引发的全球恐慌，促进了欧盟牛肉可追溯系统的建立，以便有效地对牛肉进行跟踪和溯源。

　　羔羊肉质量安全的可追溯系统意味着可以实现对任何一个羔羊肉产品追溯其来源，其信息应包含羔羊肉生产整个产业链的全过程，如产地、羊的品种、年龄、性别、饲养方式、疫苗注射、饲料信息、生长周期、运输信息、屠宰信息、冷链物流信息等有关的各个方面的详细信息。通常必须建立记载了羔羊肉产品的可读性标识的可追溯性标签。

　　建立羔羊肉质量安全的可追溯系统的目的就是保障消费安全，通常以标识为载体，以信息化为手段，建立全国共享的羊肉产品质量安全追溯信息平台，以保证消费者通过扫描羔羊肉产品包装上的条码或二维码，就可以获得消费者所关心的所有信息。

　　但是由于羔羊肉质量安全的可追溯系统涉及的是整个产业链的各个环节。产业链前端的养殖阶段目前可以通过扫描耳标了解养殖的详细信息，但是如何将之后采集的，诸如活体运输、屠宰以及屠宰后分割、羊肉不同产品生产等信息和养殖阶段的信息对应，目前在实际操作中仍然有较大的困难。其关键技术节点在于信息的处理和转化。目前有个别企业建立了尚需改善的可追溯系统，但是因运作成本过高而难以推广。真正可操作的、简便的羔羊肉质量安全可追溯系统有望通过电子信息自动化进一步发展和升级。

参 考 文 献

程志斌, 苏子峰, 廖启顺, 等.2009. 肌红蛋白影响畜禽活体肌肉和宰后鲜肉肉色的研究进展.中国畜牧杂志, 45(21): 56-60.

崔晓鹏, 董艳红.2017. HACCP 体系在安全类产品质量控制中的运用. 中国检验检测, 25(2): 47-50.

胡新颖, 王贵际, 张新玲.2005. 推行良好操作规范(GMP)保障肉制品安全. 肉品卫生, (8): 19-23.

李玉霞, 刘策, 高月锋等. 2018. 不同育肥技术对呼伦贝尔羔羊屠宰性能和肉品质的影响. 中国畜牧杂志, 54(12): 97-101.

刘策. 2018. 苜蓿皂苷对绵羊肌肉色泽的影响及其机理. 中国农业大学博士学位论文.

刘腾, 邱万伟, 张志伟, 等. 2016. 冷却方式对宰后分割牛肉肉用品质的影响. 安徽农业科学, 44(19): 94-97+116.

芦春莲, 曹玉凤, 李建国, 等. 2015. 宰前运输应激对肉牛屠宰性能和牛肉品质的影响. 中国兽医学报, 35(12): 2045-2048.

马勇, 罗海玲, 王怡平, 等. 2016. 肌内脂肪含量和脂肪酸组成对绵羊肉品质的影响, 现代畜牧兽医, (9): 25-28.

萨格萨. 2009. 不同品种放牧绵羊牧食行为与生产性能的比较研究. 内蒙古农业大学硕士学位论文.

王波, 罗海玲. 2019. 氧化反应对肌肉滴水损失的影响及抗氧化剂对其调控机制的研究进展. 中国畜牧杂志, 55(6): 1-5.

王静璇, 罗洁, 韩振民, 等. 2019. 待宰时间对小尾寒羊应激水平和羊肉品质的影响. 农业机械学报, (4): 339-345.

王朕朕. 2015. 限时放牧对羊肉风味物质沉积的影响及其机制初探. 中国农业大学博士学位论文.

徐晨晨, 罗海玲. 2015. 钙蛋白酶系统对肌肉系水力的影响研究进展. 肉类研究, (6): 29-32.

徐晨晨, 罗海玲. 2017. 胴体分割与羊肉品质的关系研究进展. 现代畜牧兽医, (10): 184-186.

徐晨晨. 2018. 钙蛋白酶介导的日粮抗氧化剂降低羊肉滴水损失的机制. 中国农业大学博士学位论文.

徐少庭, 徐晨晨, 罗海玲. 2017. 饲粮抗氧化剂对肌肉嫩度的影响及作用机制. 动物营养学报, (8): 71-75.

张登沥, 沙德银. 2004. HACCP 与 GMP, SSOP 的相互关系. 上海水产大学学报, 13(3): 261-265.

张楠, 庄昕波, 黄子信, 等. 2017. 低场核磁共振技术研究猪肉冷却过程中水分迁移规律. 食品科学, (11): 103-109.

张婷. 2016. 不同贮藏温度下牛肉新鲜度及品质变化研究. 陕西师范大学硕士学位论文.

张玉伟, 罗海玲, 贾慧娜, 等. 2012. 肌肉系水力的影响因素及其机理. 动物营养学报, (24): 1-8.

张玉伟, 罗海玲. 2010. 影响羊肉品质的因素及发展优质羊肉产业的对策//张宝文. 第七届中国羊业发展大会论文集. 北京: 中国农业科学技术出版社: 54-56.

张玉伟. 2013. 甘草提取物的抗氧化性能对绵羊肌肉滴水损失的影响机制. 中国农业大学博士学位论文.

周光宏. 2009. 肉品科学. 北京: 中国农业大学出版社.

Aberle E D, Forrest J C, Cerrard D E, et al. 2001. Principles of Meat Science(fourth edition). Dubugue Iowa: Kendall/Hunt Publishing Company: 112-113.

American Meat Science Association. 2012. Meat Color Measurement Guidelines. Champaign, Illinois, USA.

Andersen H J. 2000. What is Pork Quality? In Quality of Meat and Fat in Pigs as Affected by Genetics and Nutrition. Zurich: EAAP Publication: 135-138.

Asghar A, Gray J I, Buckley D J, et al. 1988. Perspectives on warmed-over flavor. Food Technology, 42(6): 102-108.

Bekhit A E D, Faustman C. 2005. Metmyoglobin reducing activity. Meat Sci, 71: 407-439.

Calnan H B, Jacob R H, Pethick D et al. 2014. Factors affecting the colour of lamb meat from the longissimus muscle during display: The influence of muscle weight and muscle oxidative capacity. Meat Sci, 96(2): 1049-1057.

Chen Y, Luo H, Liu X, et al. 2013. Effect of restricted grazing time on the foraging behavior and movement of Tan sheep grazed on desert steppe. Asian-Australas J Anim Sci, 26(5): 711-715.

Holman B W B, Ponnampalam E N, van de Ven, et al. 2015. Lamb meat colour values (HunterLab CIE and reflectance) are influenced by aperture size (5 mm v. 25 mm). Meat Sci, 100:202-208.

Honikel K O. 2009. Moisture and water-holding capacity. *In*: Nollet LML, Toldra F. Handbook of Muscle Foods Analysis. Boca Raton: CRC Press: 315-334.

Huff-Lonergan E, Bass T J, Malek M, et al. 2002. Correlations among selected pork quality traits. J Anim Sci, 80(3): 617-627.

Huff-Lonergan E, Lonergan S M. 2005. Mechanisms of water-holding capacity of meat: The role of postmortem biochemical and structural changes. Meat Sci, 71(4): 194-204.

Imafidon G I, Spanier A M. 1994. Unraveling the secret of meat flavor. Trends Food Sci Tech, 5(10): 315-321.

Jiang H Q, Wang Z Z, Ma Y, et al. 2015a. Effect of dietary lycopene supplementation on plasma lipid profile, lipid preoxidation and antioxidant defense system in feedlot Bamei lamb. Asian-Australas J Anim Sci, 28(7): 958-965.

Jiang H, Wang Z, Ma Y, et al. 2015b. Effect of dietary lycopene supplementation on growth performance, meat quality, fatty acid profile and meat lipid oxidation in feedlot lambs. Small Ruminant Res, 131: 99-106.

Khliji S, Van R, Lamb T, et al. 2010. Relationship between consumer ranking of lamb colour and objective measures of colour. Meat Sci, 85: 224-229.

Liu K, Ge S, Luo H, et al. 2013. Effects of dietary vitamin E on muscle vitamin E and fatty acid content in Aohan fine-wool sheep. J Anim Sci Biotechno, 4(21): 316-324.

Njisane Y, Muchenje V. 2017, Farm to abattoir conditions, animal factors and their subsequent effects on cattle behavioural responses and beef quality—a review. Asian-Australas J Anim Sci, 30(6): 755-764.

O'Reilly R, Pannier L, Gardner G, et al. 2020. Minor differences in perceived sheepmeat eating quality scores of Australian, Chinese and American consumers. Meat Sci. https://doi.org/10.1016/j.meatsci.2020.108060.

Toldra F. 2017. Lawrie's Meat Science. 8th. Cambridge: Woodhead Publishing Ltd.

Volden J, Bjelanovic M, Vogt G, et al. 2011. Oxidation progress in an emulsion made from metmyoglobin and different triacylglycerols. Food Chem, 128: 854-863.

Wang Z, Chen Y, Luo H, et al. 2015. Influences of restricted grazing time systems on productive performance and fatty acid composition of longissimus dorsi in growing lambs. Asian-Australas J Anim Sci, 28(8): 1105-1115.

Watson R, Gee A, Polkinghorne R, et al. 2008. Consumer assessment of eating quality-development of protocols for Meat Standards Australia(MSA)testing. Aust J Exp Agr, 48(11): 1360-1367.

White A, O'Sullivan A, Troy D, et al. 2006. Manipulation of the pre-rigor glycolytic behaviour of bovine *M. longissimus dorsi* in order to identify causes of inconsistencies in tenderness. Meat Sci, 73(1): 151-156.

Winger R, Hagyard C. 1994. Juiciness—its importance and some contributing factors. *In*: Pearson A M, Duston T R. Quality attributes and their measurement in meat, poultry and fish products. New York: Springer, 9: 94-124.

Xu C, Qu Y, David L, et al. 2019. Dietary lycopene powder improves meat oxidative stability in Hu lambs. J Sci Food Agr, 99: 1145-1152.

Zhang X, Luo H, Hou X, et al. 2014. Effect of restricted time at pasture and indoor supplementation on ingestive behaviour, dry matter intake and weight gain of growing lambs. Livestock Science, 167: 137-143.

Zhang Y, Luo H, Chen Y, et al. 2013. Effects of liquorice extract on the pH value, temperature, drip loss, and meat color during aging of longissimus dorsi muscle in Tan sheep. Small Ruminant Res, 113(1): 98-102.

Zhang Y, Luo H, Liu K, et al. 2015. Antioxidant effects of liquorice(Glycyrrhiza uralensis)extract during aging of longissimus thoracis muscle in Tan sheep. Meat Sci, 105: 38-45.

Zhao T, Ma Y, Qu Y, et al. 2016. Effect of dietary oil sources on fatty acid composition of ruminal digesta and populations of specific bacteria involved in hydrogenation of 18-carbon unsaturated fatty acid in finishing lambs. Small Ruminant Res, 144: 126-134.